# 教科書ガイド

## ガイド

### 啓林館 版

## 深進数学 A

TEXT

BOOK

GUIDE

文研出版

# 第1章　場合の数と確率

## 序節　集　合

**問 1**
教科書
**p.8**
$N$ を自然数全体の集合とするとき，次の集合を，要素を書き並べて表せ。

(1) $\{x|x\in N$ かつ $x$ は 24 の約数$\}$　　　(2) $\{2n-1|n\in N\}$

- - - - - - - - - - - - - - - - - - - - - - - - - - - - - - - - - - - - - -

**ガイド**　集合は，$A$，$B$ などの大文字を使って表し，

$a$ が集合$A$の要素であることを，　$a\in A$

$b$ が集合$A$の要素でないことを，　$b\notin A$

と表す。集合を表すには，次の2通りの方法がある。

　　　[1]　要素を書き並べる　　　[2]　要素が満たす条件を述べる

(1) $x\in N$ とは，$x$ が自然数であることを示す。

(2) $2n-1$ の $n$ に，$n=1$，2，3，……を代入するとよい。

**解答**　(1) $\{1,\ 2,\ 3,\ 4,\ 6,\ 8,\ 12,\ 24\}$

(2) $\{1,\ 3,\ 5,\ 7,\ 9,\ 11,\ ……\}$

**注意**　(2)は無限に多くの要素からなる集合であるから，すべてを書き表すことはできない。

**問 2**
教科書
**p.9**
$A=\{1,\ 2,\ 3\}$，$B=\{1,\ 3,\ 5\}$，$C=\{4,\ 5,\ 6\}$ のとき，$A\cup B$，$B\cap C$ を求めよ。

- - - - - - - - - - - - - - - - - - - - - - - - - - - - - - - - - - - - - -

**ガイド**　2つの集合 $A$，$B$ について，$A$と$B$の両方に属する要素全体の集合を，$A$と$B$の**共通部分**といい，$A\cap B$ で表す。すなわち，

$A\cap B=\{x|x\in A$ かつ $x\in B\}$

また，$A$と$B$の少なくとも一方に属する要素全体の集合を，$A$と$B$の**和集合**といい，$A\cup B$ で表す。すなわち，

$A\cup B=\{x|x\in A$ または $x\in B\}$

$A$ と $B$, $B$ と $C$ の要素を図に書き入れると右のようになる。

**解答** $A \cup B = \{1, 2, 3, 5\}$

$B \cap C = \{5\}$

---

 右の図に，$A$, $B$ の要素を書き入れるとき，まず，イの $A \cap B$ の部分から始め，残りをア，ウの部分に入れていくとよい。

**プラスワン** 3つの集合 $A$, $B$, $C$ についても，共通部分や和集合が考えられる。

(1) 共通部分 $A \cap B \cap C$

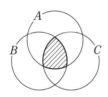

$A$, $B$, $C$ のどれにも属する要素全体の集合

(2) 和集合 $A \cup B \cup C$

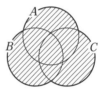

$A$, $B$, $C$ の少なくとも1つに属する要素全体の集合

# 第1節 場合の数

## 1 集合の要素の個数

**問 3**

教科書
**p.11**

集合 $A$, $B$ が全体集合 $U$ の部分集合で,

$$n(U)=40, \quad n(A)=23, \quad n(B)=15, \quad n(A \cap B)=3$$

であるとき,次の集合の要素の個数を求めよ。

(1) $\overline{B}$　　　　　　(2) $\overline{A \cup B}$　　　　　　(3) $\overline{A} \cup \overline{B}$

- - - - - - - - - - - - - - - - - - - - - - - - - - - - - - - - - - - - - - - - -

**ガイド** 有限集合 $A$ の要素の個数を $n(A)$ で表す。

> **ここがポイント**
>
> [和集合の要素の個数]
>
> $$n(A \cup B)=n(A)+n(B)-n(A \cap B)$$
>
> とくに,$A \cap B = \varnothing$ のとき,
>
> $$n(A \cup B)=n(A)+n(B)$$
>
> [補集合の要素の個数]
>
> $$n(\overline{A})=n(U)-n(A)$$

(3) ド・モルガンの法則 $\overline{A \cap B}=\overline{A} \cup \overline{B}$ を用いる。

**解答** (1) $n(\overline{B})=n(U)-n(B)$

$\qquad\qquad =40-15=\mathbf{25}$

(2) $n(A \cup B)=n(A)+n(B)-n(A \cap B)$

$\qquad\qquad\quad =23+15-3=35$

であるから,　$n(\overline{A \cup B})=n(U)-n(A \cup B)$

$\qquad\qquad\qquad\qquad =40-35=\mathbf{5}$

(3) ド・モルガンの法則より,

$\overline{A} \cup \overline{B}=\overline{A \cap B}$ であるから,

$\quad n(\overline{A} \cup \overline{B})=n(\overline{A \cap B})$

$\qquad\qquad\qquad =n(U)-n(A \cap B)$

$\qquad\qquad\qquad =40-3=\mathbf{37}$

個数がわかっているもので表そう。

**問 4**　1から200までの整数のうち，次のような数は何個あるか。

教科書
**p.12**　(1)　3の倍数かつ5の倍数　　　　　(2)　3の倍数または5の倍数

(3)　3の倍数でも5の倍数でもない数

- - - - - - - - - - - - - - - - - - - - - - - - - - - - - - - - - - - - - - - - - - - -

**ガイド**　3の倍数の集合を $A$，5の倍数の集合を $B$ とすると，求めるものは，

(1)　$n(A \cap B)$　　(2)　$n(A \cup B)$　　(3)　$n(\overline{A} \cap \overline{B})$

である。

(3)　ド・モルガンの法則 $\overline{A \cup B} = \overline{A} \cap \overline{B}$ を用いる。

**解答**　1から200までの整数の集合を $U$ とし，その中で3の倍数全体の

集合を $A$，5の倍数全体の集合を $B$ とすると，

$A = \{3 \cdot 1,\ 3 \cdot 2,\ 3 \cdot 3,\ \cdots\cdots,\ 3 \cdot 66\}$

$B = \{5 \cdot 1,\ 5 \cdot 2,\ 5 \cdot 3,\ \cdots\cdots,\ 5 \cdot 40\}$

である。

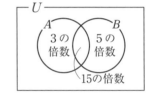

(1)　$n(A \cap B)$ を求めればよい。

$A \cap B$ は200以下の15の倍数の

集合であるから，

$A \cap B = \{15 \cdot 1,\ 15 \cdot 2,\ 15 \cdot 3,\ \cdots\cdots,\ 15 \cdot 13\}$

よって，　$n(A \cap B) = \mathbf{13}\,(\textbf{個})$

(2)　$n(A \cup B)$ を求めればよい。

$n(A) = 66\,(個)$，$n(B) = 40\,(個)$ であるから，

$n(A \cup B) = n(A) + n(B) - n(A \cap B)$

$\qquad\qquad = 66 + 40 - 13$

$\qquad\qquad = \mathbf{93}\,(\textbf{個})$

(3)　$n(\overline{A} \cap \overline{B})$ を求めればよい。

ド・モルガンの法則より，$\overline{A} \cap \overline{B} = \overline{A \cup B}$ であるから，

$n(\overline{A} \cap \overline{B}) = n(\overline{A \cup B}) = n(U) - n(A \cup B)$

$\qquad\qquad = 200 - 93$

$\qquad\qquad = \mathbf{107}\,(\textbf{個})$

## 参考　3つの集合の要素の個数

**問 1** 1から100までの整数のうち，2，3，7の少なくとも1つで割り切れる
教科書
**p.13** 数は何個あるか。

**ガイド**

**ここがポイント**

　3つの集合 $A$，$B$，$C$ の要素の個数については，次の等式が
成り立つ。
$$n(A\cup B\cup C)=n(A)+n(B)+n(C)$$
$$-n(A\cap B)-n(B\cap C)-n(C\cap A)$$
$$+n(A\cap B\cap C)$$

　2の倍数の集合を $A$，3の倍数の集合を $B$，7の倍数の集合を $C$ と
すると，求めるものは，$n(A\cup B\cup C)$ である。

**解答** 1から100までの整数の集合を $U$ とし，その中で2の倍数全体の集
合を $A$，3の倍数全体の集合を $B$，7の倍数全体の集合を $C$ とすると，
$$A=\{2\cdot1,\ 2\cdot2,\ 2\cdot3,\ \cdots\cdots,\ 2\cdot50\}$$
$$B=\{3\cdot1,\ 3\cdot2,\ 3\cdot3,\ \cdots\cdots,\ 3\cdot33\}$$
$$C=\{7\cdot1,\ 7\cdot2,\ 7\cdot3,\ \cdots\cdots,\ 7\cdot14\}$$
であるから，　$n(A)=50,\ n(B)=33,\ n(C)=14$

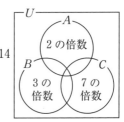

　また，$A\cap B$ は6の倍数の集合であるから，
$$A\cap B=\{6\cdot1,\ 6\cdot2,\ 6\cdot3,\ \cdots\cdots,\ 6\cdot16\}$$
より，　$n(A\cap B)=16$
　$B\cap C$ は21の倍数の集合であるから，
$$B\cap C=\{21\cdot1,\ 21\cdot2,\ 21\cdot3,\ 21\cdot4\}$$
より，　$n(B\cap C)=4$

公式を使うためにそれぞ
れの集合の要素の個数を
求めているね。

　$C\cap A$ は14の倍数の集合であるから，
$$C\cap A=\{14\cdot1,\ 14\cdot2,\ 14\cdot3,\ \cdots\cdots,\ 14\cdot7\}$$
より，　$n(C\cap A)=7$
　$A\cap B\cap C$ は42の倍数の集合であるから，
$$A\cap B\cap C=\{42\cdot1,\ 42\cdot2\}$$
より，　$n(A\cap B\cap C)=2$
　よって，

$$n(A \cup B \cup C) = n(A) + n(B) + n(C) - n(A \cap B)$$
$$- n(B \cap C) - n(C \cap A) + n(A \cap B \cap C)$$
$$= 50 + 33 + 14 - 16 - 4 - 7 + 2$$
$$= 72 \,(個)$$

## 2　場合の数

**問 5**　大中小 3 個のさいころを投げるとき，出る目の和が 6 になる場合は何

教科書
**p. 14**　通りあるか。

- - - - - - - - - - - - - - - - - - - - - - - - - - - - - - - - - - - - - -

**ガイド**　ある事柄の起こり方が全部で $n$ 通りあるとき，その事柄の起こる**場合の数**は $n$ 通りであるという。

　　起こり得るすべての事柄を順序よく整理し，もれや重複のないようにして場合の数を求める方法の 1 つに，樹形図がある。

**解答**　樹形図をかくと下の図のようになる。

　　よって，　**10 通り**

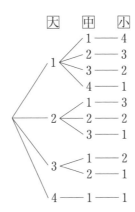

**問 6**　A，B の 2 チームで試合を行い，先に 3 回勝った方を優勝とする。この

教科書
**p. 14**　とき，優勝の決まり方は何通りあるか。ただし，この試合で引き分けはないものとする。

- - - - - - - - - - - - - - - - - - - - - - - - - - - - - - - - - - - - - -

**ガイド**　試合結果を樹形図にかく。

**解答**　A が勝った場合を A，B が勝った場合を B と表し，試合結果を順に

樹形図にかくと，次の図のようになる。
　　よって，　**20 通り**

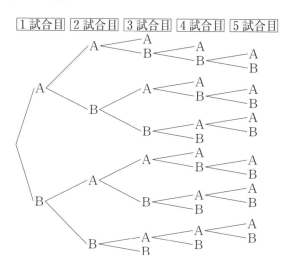

# 3 和の法則

**問 7** 大小2個のさいころを投げるとき，次の場合の数を求めよ。

教科書
p.15
(1) 目の和が6または9になる。

(2) 目の和が4の倍数になる。

- - - - - - - - - - - - - - - - - - - - - - - - - - - - - - - - - - -

**ガイド**

**ここがポイント** 🖐 **［和の法則］**

　事柄 $A$ の起こり方が $m$ 通りあり，事柄 $B$ の起こり方が $n$ 通りある。$A$ と $B$ が同時には起こらないとき，$A$ または $B$ が起こる場合の数は，**$m+n$ 通り**である。

　3つ以上の事柄 $A$, $B$, $C$, ……についても，それらのうちどの2つも同時に起こらなければ，和の法則が成り立つ。

**解答** (1) (i) 和が6になるとき　(ii) 和が9になるとき

| 大 | 1 | 2 | 3 | 4 | 5 |
|---|---|---|---|---|---|
| 小 | 5 | 4 | 3 | 2 | 1 |

| 大 | 3 | 4 | 5 | 6 |
|---|---|---|---|---|
| 小 | 6 | 5 | 4 | 3 |

　(i)で5通り，(ii)で4通りの場合があり，(i)と(ii)は同時には起こらない。

よって，目の和が 6 または 9 になる場合の数は，

$5+4=9$（通り）

(2)　目の和は 2, 3, 4, ……, 12 のいずれかであるから，目の和が 4 の倍数になるのは，次の 3 つに分類される。

(i)　和が 4 になるとき

| 大 | 1 | 2 | 3 |
|---|---|---|---|
| 小 | 3 | 2 | 1 |

(ii)　和が 8 になるとき

| 大 | 2 | 3 | 4 | 5 | 6 |
|---|---|---|---|---|---|
| 小 | 6 | 5 | 4 | 3 | 2 |

(iii)　和が 12 になるとき

| 大 | 6 |
|---|---|
| 小 | 6 |

(i)で 3 通り，(ii)で 5 通り，(iii)で 1 通りの場合があり，(i)，(ii)，(iii)のうちどの 2 つも同時には起こらない。

よって，目の和が 4 の倍数になる場合の数は，

$3+5+1=9$（通り）

⚠注意　各事柄が同時には起こらないことを確認してから和の法則を用いる。

## 4　積の法則

■問 8　次の問いに答えよ。

教科書
p.16

(1)　男子 4 人，女子 3 人の中から男女 1 人ずつ代表を選ぶとき，その選び方は何通りあるか。

(2)　大中小 3 個のさいころを投げるとき，目の出方は何通りあるか。

ガイド

ここがポイント 👉 ［積の法則］

　事柄 $A$ の起こり方が $m$ 通りあり，そのそれぞれに対して事柄 $B$ の起こり方が $n$ 通りずつあるとき，$A$ と $B$ がともに起こる場合の数は，$m \times n$ 通りである。

3 つ以上の事柄についても，同じような積の法則が成り立つ。

(1) 男子の選び方4通りのそれぞれに対して、女子
の選び方が3通りずつある。

(2) 大、中、小のさいころそれぞれについて、目の
出方は6通りずつある。

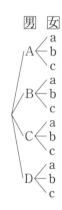

**解答▶** (1) 男子をA, B, C, D, 女子をa, b, cとすると、
右のような樹形図が考えられる。

男子の選び方は4通りあり、そのそれぞれに対
して、女子の選び方は3通りずつある。

よって、その選び方の総数は、

$$4 \times 3 = 12 \, (\textbf{通り})$$

(2) 大のさいころの目の出方は6通りあり、
そのそれぞれに対して、中のさいころの目
の出方は6通りずつあり、さらにそれらに
対して、小のさいころの目の出方は6通り
ずつある。

よって、大中小の3個のさいころの目の
出方の場合の数は、

$$6 \times 6 \times 6 = 216 \, (\textbf{通り})$$

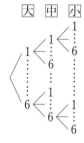

## 節末問題 | 第1節 場合の数

☑ **1**

教科書
**p.17**

40人の生徒のうち，

文化部に入っている生徒が16人

運動部に入っている生徒が22人

いずれにも入っていない生徒が5人

であった。

文化部と運動部の両方に入っている生徒は何人か。

**ガイド** 与えられた人数を図に書き入れてみ
ると，右のようになる。求める人数は，
図の影のついた部分である。

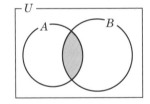

**解答▶** 40人の生徒の集合を全体集合 $U$，
文化部に入っている生徒の集合を $A$，
運動部に入っている生徒の集合を $B$
とする。

$n(A \cap B)$ を求めればよい。

$n(U)=40$, $n(A)=16$, $n(B)=22$,
$n(\overline{A \cup B})=5$

であるから，

$n(A \cup B)=n(U)-n(\overline{A \cup B})$
$=40-5=35$

$n(A \cap B)=n(A)+n(B)-n(A \cup B)$
$=16+22-35=3$

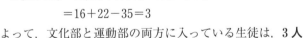

よって，文化部と運動部の両方に入っている生徒は，**3人**

☑ **2**

教科書
**p.17**

集合 $A$, $B$ が全体集合 $U$ の部分集合で，

$n(U)=100$, $n(A)=65$, $n(B)=42$, $n(A \cap \overline{B})=48$

であるとき，次の集合の要素の個数を求めよ。

(1) $\overline{A}$　　　　　(2) $A \cap B$　　　　　(3) $A \cup B$

(4) $\overline{A} \cap \overline{B}$　　　　(5) $\overline{A} \cap B$

**ガイド**　集合の要素の個数について，次のこと
　　　が成り立つ。

$$n(A \cap \overline{B})=n(A)-n(A \cap B)$$
$$n(\overline{A} \cap B)=n(B)-n(A \cap B)$$

　(2)　上の等式から，

$$n(A \cap B)=n(A)-n(A \cap \overline{B})$$

　(4)　ド・モルガンの法則 $\overline{A \cup B}=\overline{A} \cap \overline{B}$ を用いる。

**解答**　(1)　$n(\overline{A})=n(U)-n(A)$
　　　　　　　　　$=100-65=$ **35** (個)

　　　(2)　$n(A \cap B)=n(A)-n(A \cap \overline{B})$
　　　　　　　　　　$=65-48=$ **17** (個)

　　　(3)　$n(A \cup B)=n(A)+n(B)-n(A \cap B)$
　　　　　　　　　　$=65+42-17=$ **90** (個)

　　　(4)　ド・モルガンの法則より，$\overline{A} \cap \overline{B}=\overline{A \cup B}$ であるから
　　　　　　$n(\overline{A} \cap \overline{B})=n(\overline{A \cup B})=n(U)-n(A \cup B)$
　　　　　　　　　$=100-90=$ **10** (個)

　　　(5)　$n(\overline{A} \cap B)=n(B)-n(A \cap B)$
　　　　　　　　　$=42-17=$ **25** (個)

---

**☑ 3**
教科書
**p.17**
　　　100 から 200 までの整数のうち，次のような数は何個あるか。
　　　(1)　4 の倍数または 5 の倍数
　　　(2)　4 の倍数でも 5 の倍数でもない数

**ガイド**　4 の倍数の集合を $A$，5 の倍数の集合を $B$ とすると，求めるものは，
　　　(1)　$n(A \cup B)$　　　(2)　$n(\overline{A} \cap \overline{B})$
　　　である。
　　　(2)　ド・モルガンの法則 $\overline{A \cup B}=\overline{A} \cap \overline{B}$ を用いる。

**解答**　100 から 200 までの整数の集合を $U$，そのうち，4 の倍数全体の集
　　　合を $A$，5 の倍数全体の集合を $B$ とする。
　　　(1)　4 の倍数または 5 の倍数の集合は $A \cup B$ である。

$$A=\{4 \cdot 25,\ 4 \cdot 26,\ 4 \cdot 27,\ \cdots\cdots,\ 4 \cdot 50\}$$
$$B=\{5 \cdot 20,\ 5 \cdot 21,\ 5 \cdot 22,\ \cdots\cdots,\ 5 \cdot 40\}$$

　　　　　であるから，　$n(A)=50-25+1=26,$
　　　　　　　　　　　　$n(B)=40-20+1=21$

4 の倍数かつ 5 の倍数の集合は $A \cap B$ で，100 以上 200 以下の 20 の倍数の集合である。

$$A \cap B = \{20 \cdot 5,\ 20 \cdot 6,\ 20 \cdot 7,\ \cdots\cdots,\ 20 \cdot 10\}$$

したがって，

$$n(A \cap B) = 10 - 5 + 1 = 6$$

よって，

$$n(A \cup B) = n(A) + n(B) - n(A \cap B)$$
$$= 26 + 21 - 6 = \textbf{41 (個)}$$

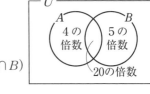

(2)　4 の倍数でも 5 の倍数でもない数の集合は $\overline{A} \cap \overline{B}$ である。

また，$n(U) = 200 - 100 + 1 = 101$ で，$\overline{A} \cap \overline{B} = \overline{A \cup B}$ であるから，

$$n(\overline{A} \cap \overline{B}) = n(\overline{A \cup B}) = n(U) - n(A \cup B)$$
$$= 101 - 41 = \textbf{60 (個)}$$

---

□ **4**

教科書
**p.17**

10 円，50 円，100 円の 3 種類の硬貨がある。どの硬貨も 1 枚以上使って 470 円を支払う方法は何通りあるか。

**ガイド**　どの硬貨も 1 枚ずつ使った残りの金額について考える。金額の大きい 100 円硬貨の枚数から考えて，和の法則を用いる。

**解答**　どの硬貨も 1 枚ずつ使った残りの金額

$$470 - (10 + 50 + 100) = 310\ (円)$$

について考える。

(i)　100 円硬貨が 0 枚の場合

　残りの金額は 310 円であるから，使える 50 円硬貨の枚数は 0 枚以上 6 枚以下で，残りをすべて 10 円硬貨で支払えばよい。

　その方法は 7 通り

(ii)　100 円硬貨が 1 枚の場合

　残りの金額は 210 円であるから，使える 50 円硬貨の枚数は 0 枚以上 4 枚以下で，残りをすべて 10 円硬貨で支払えばよい。

　その方法は 5 通り

(iii)　100 円硬貨が 2 枚の場合

　残りの金額は 110 円であるから，使える 50 円硬貨の枚数は 0 枚以上 2 枚以下で，残りをすべて 10 円硬貨で支払えばよい。

　その方法は 3 通り

(iv)　100 円硬貨が 3 枚の場合

残りの金額は 10 円であるから，支払う方法は 1 通り

(i)～(iv)は同時には起こらない。

よって，支払う方法は，

7＋5＋3＋1＝**16**（**通り**）

---

□ **5** 大中小 3 個のさいころを投げるとき，次の場合の数を求めよ。
教科書
**p.17**
(1) 目の和が 7　　　　　(2) 目の積が奇数
(3) 目の積が偶数

---

**ガイド** (1) 大のさいころの目によって場合分けする。
(2) 目の積が奇数になるのは，3 個とも奇数の目が出たときである。
(3) 目の積が奇数にならないときを考える。

**解答▶** (1)  (i) 大のさいころの目が 1 のとき
　　　　右の表より，　5 通り

| 中 | 1 | 2 | 3 | 4 | 5 |
|---|---|---|---|---|---|
| 小 | 5 | 4 | 3 | 2 | 1 |

(ii) 大のさいころの目が 2 のとき
　　　右の表より，　4 通り

| 中 | 1 | 2 | 3 | 4 |
|---|---|---|---|---|
| 小 | 4 | 3 | 2 | 1 |

(iii) 大のさいころの目が 3 のとき
　　　右の表より，　3 通り

| 中 | 1 | 2 | 3 |
|---|---|---|---|
| 小 | 3 | 2 | 1 |

(iv) 大のさいころの目が 4 のとき
　　　右の表より，　2 通り

| 中 | 1 | 2 |
|---|---|---|
| 小 | 2 | 1 |

(v) 大のさいころの目が 5 のとき
　　　右の表より，　1 通り

| 中 | 1 |
|---|---|
| 小 | 1 |

(i)～(v)は同時には起こらない。

　　よって，　5＋4＋3＋2＋1＝**15**（**通り**）

(2) 目の積が奇数になるのは，3 個とも奇数の目が出たときである。
　大のさいころの目の出方は 1，3，5 の 3 通りあり，そのそれぞれに対して，中のさいころの目の出方は 1，3，5 の 3 通りずつあり，さらにそれらに対して，小のさいころの目の出方は 1，3，5 の 3 通りずつある。

　　よって，　3×3×3＝**27**（**通り**）

(3) すべての目の出方は，それぞれのさいころの目の出方が 6 通りずつあるので，　6×6×6＝216（通り）

　目の積が偶数になるのは，目の積が奇数にならない場合であるから，　216－27＝**189**（**通り**）

□ **6**
教科書
**p.17**
$(a+b+c+d)(p+q)(x+y+z)$ を展開したときの項の数を求めよ。

**ガイド**　$a+b+c+d$ の
　　　4つの項から1つ，
　　　$p+q$ の2つの項から1つ，
　　　$x+y+z$ の3つの項から1つをそれぞれ選ん
　でできる積が展開したときの各項になる。

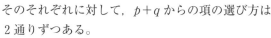

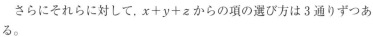

**解答**　$a+b+c+d$ からの項の選び方は4通りあり，
そのそれぞれに対して，$p+q$ からの項の選び方は
2通りずつある。

　　さらにそれらに対して，$x+y+z$ からの項の選び方は3通りずつある。

　　また，与式にどの文字も1つずつしかないので，展開したときの項はすべて異なる。

　　よって，展開したときの項の数は，積の法則により，

　　　$4 \times 2 \times 3 = 24$ (個)

同類項がないから項の数は減らないね。

# 第2節　順列・組合せ

## 1　順列

**問 9**　$_8P_3$，$_6P_4$ の値を求めよ。

教科書
**p.19**

- - - - - - - - - - - - - - - - - - - - - - - - - - - - - - - - - - - - - - -

**ガイド**　いくつかのものを順序をつけて並べたものを**順列**という。

一般に，$r \leqq n$ として，異なる $n$ 個のものから異なる $r$ 個を取り出して1列に並べたものを，**$n$ 個から $r$ 個取る順列**といい，その総数を $_nP_r$ で表す（$_nP_r$ の P は permulation（順列）に由来する）。

> **ここがポイント** ☞ ［順列の総数］
> $$_nP_r = \underbrace{n(n-1)(n-2)\cdots\cdots(n-r+1)}_{r \text{ 個の積}}$$

**解答**　$_8P_3 = 8\cdot7\cdot6 = 336$

$_6P_4 = 6\cdot5\cdot4\cdot3 = 360$

---

**問 10**　8人の選手の中からリレーの第1走者，第2走者，第3走者，第4走者を1人ずつ選ぶとき，その選び方は何通りあるか。

教科書
**p.19**

- - - - - - - - - - - - - - - - - - - - - - - - - - - - - - - - - - - - - - -

**ガイド**　8人の選手の中から4人を選んで，第1走者，第2走者，第3走者，第4走者の順に1列に並べる順列を考えればよい。

**解答**　8人から4人を選び，1列に並べる順列と考えられるから，その総数は，

$$_8P_4 = 8\cdot7\cdot6\cdot5 = 1680 \text{(通り)}$$

**プラスワン**　異なる $n$ 個のものすべてを並べる順列の総数 $_nP_n$ は，1から $n$ までの自然数の積になる。この数を $n$ の**階乗**といい，**$n!$** で表す。

$$_nP_n = n! = n(n-1)(n-2)\cdots\cdots3\cdot2\cdot1$$

階乗の記号！を用いると，

$$_nP_r = \frac{n!}{(n-r)!}$$

この等式が $r=n$ のときも，$r=0$ のときも成り立つように，$0!=1$，$_nP_0=1$ と定める。

0!＝1, $_nP_0$＝1 に注目しよう。

■問 **11**　男子2人，女子3人が1列に並ぶとき，次のような並び方は何通りあるか。

教科書 **p.21**

(1)　女子が両端にくる。　　　　　　　　(2)　女子3人が続いて並ぶ。

(3)　男女が交互に並ぶ。

---

**ガイド**　まず，条件を満たすように女子を配置する。

(1)　左端と右端には，3人の女子から2人を選んで並べる。

(2)　続いて並ぶ女子3人を1人の人とみなして並び方を考える。

(3)　左端，中央，右端の3か所に，女子3人を並べる。

**解答**　男子を A，B，女子を a，b，c とする。

(1)　両端での女子の並び方は，a，b，c から
2人を選んで並べる順列で，$_3P_2$ 通りある。
そのそれぞれに対して，残りの3人の並び方は，$_3P_3$ 通りずつある。
よって，女子が両端にくる並び方は，
$$_3P_2 \times _3P_3 = 3 \cdot 2 \times 3 \cdot 2 \cdot 1 = 36\,(\textbf{通り})$$

a，b，c から2人

残りの3人

(2)　続いて並ぶ女子3人を1人の人とみなすと，男子 A，B との並び方は，$_3P_3$ 通りある。
そのそれぞれに対して，a，b，c の並び方が $_3P_3$ 通りずつある。
よって，女子3人が続いて並ぶ並び方は，
$$_3P_3 \times _3P_3 = 3 \cdot 2 \cdot 1 \times 3 \cdot 2 \cdot 1 = 36\,(\textbf{通り})$$

3人とみなして

a，b，c の並び方

(3)　左端，中央，右端に女子が並ぶと，男女が交互に並ぶ並び方になる。
a，b，c の並び方は，$_3P_3$ 通りある。
そのそれぞれに対して，A，B の並び方が $_2P_2$ 通りずつある。
よって，男女が交互に並ぶ並び方は，
$$_3P_3 \times _2P_2 = 3 \cdot 2 \cdot 1 \times 2 \cdot 1 = 12\,(\textbf{通り})$$

a，b，c の並び方

A，B の並び方

まず，条件がついた場所から並べていくんだね。

**問 12**　6 個の数字 1, 2, 3, 4, 5, 6 から, 異なる 4 個を並べて 4 桁の整数を
教科書
**p.22**　作るとき, 次のような整数はいくつできるか。

(1)　4 桁の整数　　　　　(2)　奇数　　　　　(3)　3000 以上の整数

- - - - - - - - - - - - - - - - - - - - - - - - - - - - - - - - - - - - - - - - - - - -

**ガイド**　(2)　一の位が奇数であればよい。一の位で使った数は, 千, 百, 十
の位では使えないことに注意する。

(3)　千の位が 3 以上である整数を考える。

**解答**　(1)　6 個の数字から 4 個取る順列より,

$$_6P_4 = 6 \cdot 5 \cdot 4 \cdot 3 = 360 \,(\text{個})$$

(2)　奇数になるためには, 一の位が 1, 3, 5 のいず
れかであればよい。

したがって, 一の位は 3 通りである。

これらのどの場合でも, 千, 百, 十の位は, 残り
5 個の数字から 3 個取る順列で, $_5P_3$ 通りずつある。

よって, 奇数は全部で,

$$3 \times {}_5P_3 = 3 \times 5 \cdot 4 \cdot 3 = 180 \,(\text{個})$$

(3)　3000 以上の整数となるためには, 千の位が 3,
4, 5, 6 のいずれかであればよい。

したがって, 千の位は 4 通りである。

これらのどの場合でも, 百, 十, 一の位は, 残り
5 個の数字から 3 個取る順列で, $_5P_3$ 通りずつある。

よって, 3000 以上の整数は全部で,

$$4 \times {}_5P_3 = 4 \times 5 \cdot 4 \cdot 3 = 240 \,(\text{個})$$

**別解**　(3)　3000 未満の整数となるためには, 千の位が 1,
2 のいずれかであればよい。

千の位は 2 通りである。

これらのどの場合でも, 百, 十, 一の位は, 残り
5 個の数字から 3 個取る順列で, $_5P_3$ 通りずつある。

よって, 3000 未満の整数は全部で, $2 \times {}_5P_3$ 個。

したがって, 3000 以上の整数の個数は, 4 桁の整数全体から
3000 未満の整数を除いて,

$$_6P_4 - 2 \times {}_5P_3 = 360 - 2 \times 5 \cdot 4 \cdot 3 = 360 - 120 = 240 \,(\text{個})$$

# 2　いろいろな順列

**問 13**　7人の生徒が輪になって並ぶとき，その並び方は全部で何通りあるか。

教科書
**p.23**

**ガイド**　一般に，異なる $n$ 個のものを円形に並べたものを**円順列**という。

> **ここがポイント**
>
> 異なる $n$ 個を並べる円順列の総数は，
>
> $$\frac{{}_n\mathrm{P}_n}{n} = \frac{n!}{n} = (n-1)!$$

**解答**　異なる7個のものの円順列と考えられる。
並び方は全部で，
$$(7-1)! = 6! = 6\cdot5\cdot4\cdot3\cdot2\cdot1 = 720\,(\text{通り})$$

---

**問 14**　5個の数字1，2，3，4，5を用いてできる4桁の整数は何個あるか。
ただし，同じ数字を何度使ってもよいものとする。

教科書
**p.24**

**ガイド**　一般に，異なる $n$ 個のものから，同じものを何度用いてもよいものとして，$r$ 個を取り出して1列に並べたものを，**$n$ 個から $r$ 個取る重複順列**という。

> **ここがポイント**
>
> $n$ 個から $r$ 個取る重複順列の総数は，
>
> $$\underbrace{n\times n\times n\times\cdots\cdots\times n}_{r\,\text{個}} = n^r$$

**解答**　5個から4個取る重複順列と考えられる。
できる4桁の整数の総数は，
$$5^4 = 625\,(\text{個})$$

**問 15**
教科書
**p.24**

5人の生徒を，2つの部屋P，Qに分ける方法は何通りあるか。
ただし，1人も入っていない部屋があってもよいものとする。

**ガイド**　5人の生徒それぞれについて，Pの部屋かQ
の部屋かの2通りずつの分け方がある。

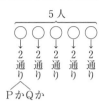

　　1人も入っていない部屋があってもよいから，
5人全員がPの部屋に入ってもよいし，5人全
員がQの部屋に入ってもよい。

**解答**　P，Q2個から5個取る重複順列と考えられる。5人の生徒の分け
方は全部で，

$$2^5 = 32（通り）$$

**⚠注意**　「どの部屋にも少なくとも1人は入る」条件であれば，5人ともPに
入る1通り，5人ともQに入る1通り，合わせて2通りを除いて，

$$32 - 2 = 30（通り）$$

となる。

# 3　組合せ

**問 16**
教科書
**p.26**

次の値を求めよ。

(1) $_5C_2$　　　　(2) $_8C_4$　　　　(3) $_7C_1$　　　　(4) $_6C_6$

**ガイド**　いくつかのものを順序を考えずに取り出して1組にしたものを**組合
せ**という。

　　一般に，$r \le n$ として，異なる$n$個のものから異なる$r$個を取り出
して1組としたものを，**$n$個から$r$個取る組合せ**といい，その総数を
$_nC_r$で表す（$_nC_r$のCは，combination（組合せ）に由来する）。

**ここがポイント** 🖝 **［組合せの総数］**

$$_nC_r = \frac{_nP_r}{r!} = \frac{\overbrace{n(n-1)(n-2)\cdots\cdots(n-r+1)}^{r個の積}}{\underbrace{r(r-1)(r-2)\cdots\cdots 3\cdot 2\cdot 1}_{r個の積}}$$

(1) $_5C_2 = \dfrac{\boxed{5}\cdot 4}{\boxed{2}\cdot 1}$　←$\boxed{5}$から始めて$②$個掛ける。

　　　　　　　　　←$②$!

**解答**
(1) $_5C_2=\dfrac{5\cdot4}{2\cdot1}=10$

(2) $_8C_4=\dfrac{8\cdot7\cdot6\cdot5}{4\cdot3\cdot2\cdot1}=70$

(3) $_7C_1=\dfrac{7}{1}=7$

(4) $_6C_6=\dfrac{6\cdot5\cdot4\cdot3\cdot2\cdot1}{6\cdot5\cdot4\cdot3\cdot2\cdot1}=1$

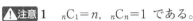

$_nC_r=\dfrac{_nP_r}{r!}$
分子は順列の数,
分母は $r!$ だよ。

**注意1** $_nC_1=n,\ _nC_n=1$ である。

**注意2** たとえば,(2)では,$_8C_4=\dfrac{8\cdot7\cdot6\cdot5}{4\cdot3\cdot2\cdot1}=\dfrac{1680}{24}$ のように分母や分子を

計算しないで,$_8C_4=\dfrac{\overset{2}{8}\cdot7\cdot\overset{1}{6}\cdot5}{\underset{1}{4}\cdot\underset{1}{3}\cdot\underset{1}{2}\cdot1}=2\cdot7\cdot5=70$ のようにするとよい。

**注意3** $_nP_r=\dfrac{n!}{(n-r)!}$ を用いると,

$_nC_1=n,\ _nC_n=1,\ _nC_0=1$
にも注目!

$$_nC_r=\dfrac{n!}{r!(n-r)!}\quad\cdots\cdots①$$

と表される。
また,$0!=1$ を用いて,$_nC_0=1$ と定める。

**問17** $_8C_6,\ _{10}C_7$ の値を求めよ。

教科書
**p.26**

**ガイド** $n$ 個から,取り出す $r$ 個を選ぶことは,取り出さずに残す $n-r$ 個を選ぶことと同じだから,次の等式が成り立つ。

$$_nC_r=_nC_{n-r}\quad\cdots\cdots②$$

$_8C_6=_8C_{8-6}=_8C_2,\quad _{10}C_7=_{10}C_{10-7}=_{10}C_3$

$_nC_r=_nC_{n-r}$
$r$ が大きい数のとき,
利用しよう!

**解答** $_8C_6=_8C_2=\dfrac{8\cdot7}{2\cdot1}=28$

$_{10}C_7=_{10}C_3=\dfrac{10\cdot9\cdot8}{3\cdot2\cdot1}=120$

**注意** 等式②が成り立つことは,上の等式①で $r$ に $n-r$ を当てはめて,

$$_nC_{n-r}=\dfrac{n!}{(n-r)!\{n-(n-r)\}!}=\dfrac{n!}{(n-r)!\,r!}=_nC_r$$

となることからも確かめられる。

**問 18**　正八角形 ABCDEFGH の 8 個の頂点のうち，4 点を結んでできる四角
教科書
**p.27**　形の個数を求めよ。また，この正八角形の対角線の本数を求めよ。

- - - - - - - - - - - - - - - - - - - - - - - - - - - - - - - - - - - - -

**ガイド**　8 個の頂点のうち，異なる 4 点を選べば四角形が 1 個できる。また，
8 個の頂点のうち，2 点を選んで結ぶ線分の本数から，正八角形の辺の
数を除けば，対角線の本数が求められる。

**解答**　8 個の頂点のうち，どの 3 点も同じ直線上に

ない。

したがって，異なる 4 つの頂点を選べば四角

形が 1 個できるから，求める四角形の個数は，

$$_8\mathrm{C}_4=\frac{8\cdot7\cdot6\cdot5}{4\cdot3\cdot2\cdot1}=70\text{（個）}$$

8 個の頂点のうち，2 点を選んで結ぶ線分の本数

から，正八角形の辺の数を除けばよい。

よって，　$_8\mathrm{C}_2-8=\dfrac{8\cdot7}{2\cdot1}-8$

$$=28-8$$

$$=20\text{（本）}$$

**別解**　各頂点からは 5 本の対角線が引ける。

8 個の頂点からは，合計 $5\times8=40$（本）引けるが，

線分 AC と CA のように同じ対角線を 2 度数えて

いるから，求める対角線の本数は，

$$\frac{40}{2}=20\text{（本）}$$

---

**問 19**　男子 5 人，女子 6 人から 5 人を選ぶ。次のような選び方は何通りある
教科書
**p.27**　か。

(1)　男子から 2 人，女子から 3 人を選ぶ。

(2)　女子から少なくとも 1 人を選ぶ。

- - - - - - - - - - - - - - - - - - - - - - - - - - - - - - - - - - - - -

**ガイド**　(2)　11 人から 5 人を選ぶ組合せから，5 人とも男子を選ぶ組合せを
除けばよい。

**解答**　(1)　男子 5 人から 2 人を選ぶ組合せは，　$_5\mathrm{C}_2$ 通り

女子 6 人から 3 人を選ぶ組合せは，　$_6\mathrm{C}_3$ 通り

よって，積の法則により，選び方の総数は，

$$_5C_2 \times _6C_3 = \frac{5\cdot4}{2\cdot1}\times\frac{6\cdot5\cdot4}{3\cdot2\cdot1}=200\,(通り)$$

(2) 11人から5人を選ぶ組合せは，　$_{11}C_5$ 通り

そのうち男子ばかりを選ぶ組合せは，　$_5C_5$ 通り

よって，選び方の総数は，

$$_{11}C_5 - _5C_5 = \frac{11\cdot10\cdot9\cdot8\cdot7}{5\cdot4\cdot3\cdot2\cdot1}-1=461\,(通り)$$

**問 20** 8人の生徒を，次のように分ける方法は何通りあるか。

教科書 **p.28**

(1) 4つの部屋 P，Q，R，S に2人ずつ入るように分ける。

(2) 2人ずつの4つの組に分ける。

(3) 2人，3人，3人の3つの組に分ける。

- - - - - - - - - - - - - - - - - - - - - - - - - - - - - - - - - - - - - - -

**ガイド** (1) 組合せの考えを用いて，P，Q，R，S の順に2人ずつ選ぶ。

(2) 8人の生徒を $a, b, c, d,$ $e, f, g, h$ とすると，たとえば，$\{a, b\}$，$\{c, d\}$，$\{e, f\}$，$\{g, h\}$ という組分けに対する部屋の割り当て方は，$\{a, b\}$ が P に入る場合は，右の表のように3!通りある。

| $\{a,\ b\}$ | $\{c,\ d\}$ | $\{e,\ f\}$ | $\{g,\ h\}$ |
|---|---|---|---|
| P | Q | R | S |
| P | Q | S | R |
| P | R | Q | S |
| P | R | S | Q |
| P | S | Q | R |
| P | S | R | Q |

3!通り

4通り　　　　　　4!通り

$\{a, b\}$ が Q，R，S に入る場合も同様で，それぞれ3!通りずつあるから，合わせて，$4\times3!=4!\,(通り)$ ある。

(1)では，これらを異なる分け方とみなしていたが，(2)では，これを1つの組分けとみなすので，(1)の総数を4!で割ればよい。

(3) 3人，3人の分け方について，(2)を参考にする。

**解答** (1) 8人の中から，P に入る2人の選び方は $_8C_2$ 通り，残り6人の中から，Q に入る2人の選び方は $_6C_2$ 通り，さらに残り4人の中から，R に入る2人の選び方は $_4C_2$ 通りある。

P，Q，R に入る6人が決まれば，S に残りの2人が入る。

よって，分け方の総数は，

$$_8C_2 \times _6C_2 \times _4C_2 \times _2C_2 = \frac{8\cdot7}{2\cdot1}\times\frac{6\cdot5}{2\cdot1}\times\frac{4\cdot3}{2\cdot1}\times1=2520\,(通り)$$

(2)　(1)の分け方において，割り当てる部屋 P，Q，R，S の区別をな
くすと，同じ組分けが 4! 通りずつできるから，

$$\frac{2520}{4!}=105 \text{ (通り)}$$

(3)　2人の組を A，3人の組を B，C とする。

8人の中から，A に入る2人の選び方は $_8C_2$ 通り，残り6人の
中から，B に入る3人の選び方は $_6C_3$ 通りある。

A，B に入る5人が決まれば，C に残りの3人が入る。

よって，A，B，C に分ける分け方の総数は，

$$_8C_2 \times _6C_3 = \frac{8 \cdot 7}{2 \cdot 1} \times \frac{6 \cdot 5 \cdot 4}{3 \cdot 2 \cdot 1} = 560 \text{ (通り)}$$

この分け方において，B，C の区別をなくすと，同じ組分けが
2! 通りずつできるから，

$$\frac{560}{2!}=280 \text{ (通り)}$$

テク
ニック　分けたグループの人数が同じで名前(区別)がなければ，それらの
グループは区別できない。そこで，(2)では，P，Q，R，S の区別をつ
けた分け方の総数を重複分(区別の仕方)で割れば，区別しない場合
の数が求められる。

# 4　同じものを含む順列

**問 21**　1，1，1，1，2，2，2，3 の8個の数字を1列に並べるとき，8桁の整数
はいくつできるか。

教科書 p.30

**ガイド**

**ここがポイント** 📖 ［同じものを含む順列の総数］

全部で $n$ 個のものがあって，そのうち，
$\quad$ a が $p$ 個，b が $q$ 個，c が $r$ 個，……
のとき，これらを1列に並べる並べ方の総数は，

$$\frac{n!}{p!q!r!\cdots}$$　　ただし，$n=p+q+r+\cdots$

1が4個，2が3個，3が1個の合計8個あるから，上の公式で，
$n=8$，$p=4$，$q=3$，$r=1$ と考えればよい。

**解答**　$\dfrac{8!}{4!3!1!}=\dfrac{8\cdot7\cdot6\cdot5\cdot4\cdot3\cdot2\cdot1}{4\cdot3\cdot2\cdot1\times3\cdot2\cdot1\times1}=280$（個）

**プラスワン**　この問題は組合せの考えを用いて解くこともできる。

1列に並んだ8つの場所に数字を入れる方法を考える。

まず，1を入れる場所の選び方は $_8C_4$ 通り，次に2を入れる場所の選び方は $_4C_3$ 通りある。

最後に残り1つの場所に3を入れる。

**別解**　$_8C_4\times_4C_3\times_1C_1=\dfrac{8!}{4!4!}\times\dfrac{4!}{3!1!}\times1=\dfrac{8!}{4!3!1!}=280$（個）

## 参考　重複組合せ

**問 1**　りんご，みかん，かき，バナナの4種類の果物を合わせて8個選ぶ方法
教科書
**p.31**　は何通りあるか。ただし，それぞれの果物は8個以上あり，同じ種類の果物は区別がつかないものとする。また，選ばない果物があってもよい。

- - - - - - - - - - - - - - - - - - - - - - - - - - - - - - - - - - -

**ガイド**　4種類のものから8個選ぶときの組合せ　　　　○｜○○｜○｜○○○○
は，右の図のように，8個の○と3個の｜
を1列に並べた順列に対応することになる。

よって，求める組合せの総数は，○と｜を合わせた11個の場所から，○を入れる8個の場所を選ぶ方法の総数に等しい。

一般に，$n$ 個の異なるものから，同じものを繰り返し取ることを許して $r$ 個取る組合せを重複組合せといい，その総数は $_{n+r-1}C_r$ となる。

**解答**　$_{11}C_8=_{11}C_3=\dfrac{11\cdot10\cdot9}{3\cdot2\cdot1}=165$（通り）

## 節末問題　| 第2節　順列・組合せ

**1**
教科書
**p.32**
　　男子4人，女子4人が1列に並ぶとき，次のような並び方は何通りあるか。

(1)　女子4人が続く。　　　　　　(2)　男女が交互になる。

(3)　女子が隣り合わない。

**ガイド** (1)　女子4人を1人とみなして男子4人との並び方を考える。ただし，女子の4人にも並び方があることを忘れないようにする。

(2)　左端が男子になる並び方と，女子になる並び方が考えられる。

(3)　まず男子4人が1列に並んで，左端の男子の左側，男子と男子の間3か所，右端の男子の右側に，合わせて5つの場所を考える。

　　この5か所から4か所を選んで，女子が1人ずつ並ぶと，男子が隣り合うことはあっても，どの女子も隣り合うことはない。

**解答** (1)　続いて並ぶ女子4人を1人の人とみなすと，男子4人と合わせて5人の並び方は，$_5P_5$ 通りある。

　　そのそれぞれに対して，女子4人の並び方が $_4P_4$ 通りずつある。

　　よって，女子4人が続く並び方は，

　　　$_5P_5 \times _4P_4 = 5! \times 4! = 2880$ (**通り**)

(2)　左端が男子になる並び方と，女子になる並び方がある。

　　どちらも，男子4人の並び方が $_4P_4$ 通りあり，そのそれぞれに対して，女子4人の並び方が $_4P_4$ 通りずつある。

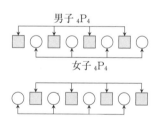

　　よって，男女が交互になる並び方は，

　　　$_4P_4 \times _4P_4 \times 2 = 4! \times 4! \times 2 = 1152$ (**通り**)

(3)　まず，男子4人が1列に並ぶ。

　　その並び方は $_4P_4$ 通りある。

　　そのそれぞれに対して，男子4人の間と左端，右端にできる5か所（右の図の△）から4か所を選

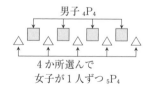

んで女子が1人ずつ並ぶ並び方は $_5P_4$ 通りずつある。

よって，女子が隣り合わない並び方は，

$$_4P_4 \times _5P_4 = 4! \times 5! = 2880 \text{（通り）}$$

**2** 　　2人の先生と4人の生徒が円卓につくとき，先生どうしが隣り合う並び方は何通りあるか。また，先生どうしが向かい合う並び方は何通りあるか。

教科書
**p.32**

**ガイド**　先生どうしが隣り合う場合，先生2人を1人の人と考える。ただし，それぞれの場合について1人の人とみなした先生2人の並び方も忘れないようにする。

　　先生どうしが向かい合う場合，先生2人を固定して生徒4人を並ばせる。

**解答**　隣り合う先生2人を1人の人とみなして，5人が円形に並ぶと考えると，その並び方は$(5-1)!$通りある。

　　そのそれぞれに対して，先生2人の並び方は$_2P_2$通りずつある。

　　よって，先生どうしが**隣り合う並び方**は，

$$(5-1)! \times _2P_2 = 4! \times _2P_2 = 4 \cdot 3 \cdot 2 \cdot 1 \times 2 \cdot 1 = 48 \text{（通り）}$$

　　先生どうしが向かい合う場合，先生2人を固定して生徒4人を並ばせればよい。

　　先生を1人固定すると，もう1人の先生はその向かいに並び，並び方は1通りに決まる。

　　その並び方に対して，生徒4人の並び方は$_4P_4$通りある。

　　よって，先生どうしが**向かい合う並び方**は，

$$1 \times _4P_4 = 1 \times 4 \cdot 3 \cdot 2 \cdot 1 = 24 \text{（通り）}$$

**3** 　　5個の数字0, 1, 2, 3, 4を使って3桁の整数を作る。このとき，次の問いに答えよ。

教科書
**p.32**

(1)　すべて異なる数字を使うとき，3桁の整数はいくつできるか。また，300より小さい整数はいくつできるか。

(2)　同じ数字を何度使ってもよいものとするとき，3桁の整数はいくつできるか。

**ガイド**　3桁の整数を作るには，百の位に0は使えない。

(1)　300より小さい整数は，百の位が1か2の整数を考えればよい。

(2)　十，一の位は，5個の数字から2個取る重複順列になる。

**解答**　(1)　百の位が1，2，3，4のいずれかのとき，

3桁の整数になる。

百の位は4通りである。

これらのどの場合でも，十，一の位は，

残りの4個の数字から2個取る順列で，

${}_4\mathrm{P}_2$ 通りずつある。

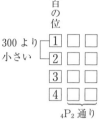

よって，**3桁の整数**は全部で，

$$4 \times {}_4\mathrm{P}_2 = 4 \times 4 \cdot 3 = 48 \,(\text{個})$$

また，300より小さい整数となるには，百の位が1か2のいず

れかであればよい。よって，**300より小さい整数**は全部で，

$$2 \times {}_4\mathrm{P}_2 = 2 \times 4 \cdot 3 = 24 \,(\text{個})$$

(2)　百の位は，(1)と同様に，4通りある。

十，一の位は，5個すべての数字

から2個取る重複順列であり，$5^2$ 通

りある。

百の位を0にしたら，3桁の整数にはならないね。

よって，3桁の整数は全部で，

$$4 \times 5^2 = 100 \,(\text{個})$$

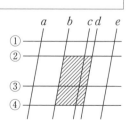

---

☐ **4**

教科書 **p.32**

右の図のように，4本の平行線が他の5本

の平行線と交わっている図形がある。このと

き，次の問いに答えよ。

(1)　図形の中に，平行四辺形はいくつあるか。

(2)　平行線上に，右の図のように点Aをとる。

このとき，点Aを1つの頂点とする平行四辺形はいくつあるか。

**ガイド**　(1)　右の図の斜線をつけた平行四辺形は，

横の2本の平行線②，④と縦の2本の

平行線 *b*，*d* とでできている。

つまり，横2本と縦2本の平行線を

選ぶごとに1つの平行四辺形が決まる。

(2)　1つの頂点Aが決まっているから，Aを通らない横と縦の平行
線から残りの2本を横と縦1本ずつ選ぶ。

**解答**▶　(1)　横の4本の平行線から2本，縦の5本の平行線から2本をそれ
ぞれ選ぶと，平行四辺形が1つできる。

横の4本の平行線から2本選ぶ組合せは，　$_4C_2$ 通り

縦の5本の平行線から2本選ぶ組合せは，　$_5C_2$ 通り

したがって，積の法則により，選び方の総数は，

$$_4C_2 \times {_5C_2} = 60 \,(通り)$$

よって，平行四辺形は **60** 個ある。

(2)　直線②，$b$ に加えて，横の4本の平
行線のうちAを通らない3本から1本
選び，縦の5本の平行線のうちAを通
らない4本から1本選ぶと，点Aを1
つの頂点とする平行四辺形ができる。

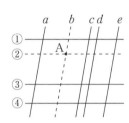

よって，求める平行四辺形の個数は，

$$_3C_1 \times {_4C_1} = 12 \,(個)$$

---

**5**
教科書 **p.32**

12人の生徒を，次のように分ける方法は何通りあるか。

(1)　4つの部屋P，Q，R，Sに3人ずつ入るように分ける。

(2)　3人ずつの4つの組に分ける。

(3)　6人，3人，3人の3つの組に分ける。

**ガイド**▶　(1)　組合せの考えを用いて，P，Q，R，Sに入る3人ずつを選ぶ。

(2)　(1)の分け方において，P，Q，R，Sの区別をなくせばよい。

(3)　(1)と(2)の解き方を参考にする。

**解答**▶　(1)　12人の中から，Pに入る3人の選び方は $_{12}C_3$ 通り，残り9人の
中から，Qに入る3人の選び方は $_9C_3$ 通り，さらに，残り6人の
中から，Rに入る3人の選び方は $_6C_3$ 通りある。

P，Q，Rに入る9人が決まれば，Sに残りの3人が入る。

よって，分け方の総数は，

$$_{12}C_3 \times {_9C_3} \times {_6C_3} \times {_3C_3}$$

$$= \frac{12 \cdot 11 \cdot 10}{3 \cdot 2 \cdot 1} \times \frac{9 \cdot 8 \cdot 7}{3 \cdot 2 \cdot 1} \times \frac{6 \cdot 5 \cdot 4}{3 \cdot 2 \cdot 1} \times 1 = 369600 \,(通り)$$

(2)　(1)の分け方において，割り当てる部屋 P，Q，R，S の区別をな
くすと，同じ組が 4! 通りずつできるから，

$$\frac{369600}{4!} = 15400 \text{(通り)}$$

(3)　部屋 A に 6 人，部屋 B に 3 人，部屋 C に 3 人入るとする。

12 人の中から，A に入る 6 人の選び方は $_{12}C_6$ 通り，残り 6 人
の中から，B に入る 3 人の選び方は $_6C_3$ 通りある。

A，B に入る 9 人が決まれば，C に残りの 3 人が入る。

よって，部屋 A，B，C に入る分け方は，

$_{12}C_6 \times {}_6C_3 \times {}_3C_3$

$$= \frac{12 \cdot 11 \cdot 10 \cdot 9 \cdot 8 \cdot 7}{6 \cdot 5 \cdot 4 \cdot 3 \cdot 2 \cdot 1} \times \frac{6 \cdot 5 \cdot 4}{3 \cdot 2 \cdot 1} \times 1 = 18480 \text{(通り)}$$

この分け方において，割り当てる部屋 B，C の区別をなくすと，
同じ組が 2! 通りずつできるから，求める分け方は，

$$\frac{18480}{2!} = 9240 \text{(通り)}$$

---

**☐ 6**
教科書
**p.32**
　赤玉，青玉，白玉が，それぞれ 3 個，4 個，2 個ある。このとき，次
のような並べ方は何通りあるか。ただし，同じ色の玉は区別しないもの
とする。

(1)　白玉が両端にくるように 1 列に並べる。

(2)　赤玉 3 個が続いて並ぶように 1 列に並べる。

**ガイド** (1)　両端の白玉の間に，赤玉 3 個と青玉 4 個を並べる。

(2)　赤玉 3 個を 1 つのものと考えて並べる。

**解答** (1)　両端を白玉で固定し，その間に
赤玉 3 個，青玉 4 個を並べる。

よって，並べ方の総数は，

$$\frac{7!}{3!4!} = 35 \text{(通り)}$$

(2)　続いて並ぶ赤玉 3 個を 1 つのものとみなして，残りの青玉 4 個，
白玉 2 個との計 7 個を並べる方法は，

$$\frac{7!}{1!4!2!} = 105 \text{(通り)}$$

図をかいて
イメージする
ことも大事！

# 第3節　確率とその基本性質

## 1　事象と確率

**問 22**
教科書
**p.34**
当たりくじが3本入っている7本のくじがある。この中から1本のくじを引くとき，根元事象は何個あるか。

----

**ガイド** 同じ条件のもとで繰り返すことができる実験や観測を**試行**といい，試行の結果起こる事柄を**事象**という。

ある試行において，起こる結果全体からなる事象を**全事象**といい，$U$ で表す。この試行における事象は，すべて全事象 $U$ の部分集合で表すことができる。

ある試行において，全事象 $U$ の1個の要素だけからなる部分集合で表される事象を**根元事象**という。根元事象を数えるには，起こり得る事柄をすべて書き出せばよい。

**解答** 7本のくじを区別し，それぞれの当たりくじを引くことを $\bigcirc_1$, $\bigcirc_2$, $\bigcirc_3$, それぞれのはずれくじを引くことを $\times_1$, $\times_2$, $\times_3$, $\times_4$ と表すことにすると，全事象は $U = \{\bigcirc_1,\ \bigcirc_2,\ \bigcirc_3,\ \times_1,\ \times_2,\ \times_3,\ \times_4\}$ である。

根元事象は，

$\{\bigcirc_1\}$, $\{\bigcirc_2\}$, $\{\bigcirc_3\}$, $\{\times_1\}$, $\{\times_2\}$, $\{\times_3\}$, $\{\times_4\}$

の**7個**である。

----

**問 23**
教科書
**p.35**
赤玉3個と白玉2個が入っている袋から，1個の玉を取り出すとき，その玉が白玉である確率を求めよ。

----

**ガイド** ある事象が起こることが期待される程度を表す数値を，その事象の**確率**といい，事象 $A$ の確率を $P(A)$ で表す。

1つの試行において，全事象に含まれる根元事象のどれが起こることも同じ程度に期待できるとき，これらの根元事象は，**同様に確からしい**という。

根元事象がすべて同様に確からしい試行において，全事象 $U$ に含まれる根元事象の数を $n(U)$，事象 $A$ に含まれる根元事象の個数を $n(A)$ とするとき，$P(A) = \dfrac{n(A)}{n(U)}$ と定める。

$(P(A)$ の $P$ は，probability（確率）に由来する）

**ここがポイント** 👉 ［確率の定義］

$$P(A)=\frac{n(A)}{n(U)}=\frac{\text{事象 }A\text{ の起こる場合の数}}{\text{起こり得るすべての場合の数}}$$

**解答** 5個の玉を区別し，それぞれの赤玉1個を取り出すことを赤$_1$，赤$_2$，赤$_3$，それぞれの白玉1個を取り出すことを白$_1$，白$_2$と表すことにする。

全事象を $U$，白玉を取り出すという事象を$A$とすると，

$U=\{$赤$_1$，赤$_2$，赤$_3$，白$_1$，白$_2\}$，$A=\{$白$_1$，白$_2\}$

1個の玉を取り出す試行では，根元事象は同様に確からしい。

よって，求める確率は，　$P(A)=\dfrac{n(A)}{n(U)}=\dfrac{2}{5}$

**問 24** 3枚の硬貨を同時に投げるとき，次の事象の確率を求めよ。

(1) 1枚だけ表が出る。　　　(2) 2枚以上表が出る。

**ガイド** 根元事象が同様に確からしい状況を考えるために，3枚の硬貨を区別して考える。根元事象を調べるには，右のような樹形図をかいて確認するとよい。

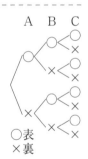

**解答** 3枚の硬貨を A，B，C とし，たとえば，A が表，B が裏，C が裏と出ることを（表，裏，裏）のように表すことにする。

この試行における全事象を $U$ とすると，

$U=\{$（表，表，表），（表，表，裏），（表，裏，表），

（表，裏，裏），（裏，表，表），（裏，表，裏），

（裏，裏，表），（裏，裏，裏）$\}$

この試行における根元事象は，

$\{$（表，表，表）$\}$，$\{$（表，表，裏）$\}$，……，$\{$（裏，裏，裏）$\}$

の8個であり，これらは同様に確からしい。

(1) 1枚だけ表が出る事象を$A$とすると，

$A=\{$（表，裏，裏），（裏，表，裏），（裏，裏，表）$\}$

よって，求める確率は，　$P(A)=\dfrac{n(A)}{n(U)}=\dfrac{3}{8}$

(2) 2枚以上表が出る事象を$B$とすると，

第
1
章

場合の数と確率

$$B=\{(表，表，表)，(表，表，裏)，(表，裏，表)，$$
$$(裏，表，表)\}$$

よって，求める確率は，　　$P(B)=\dfrac{n(B)}{n(U)}=\dfrac{4}{8}=\dfrac{1}{2}$

**■問 25**　2個のさいころを同時に投げるとき，出る目の和が9以上になる確率
教科書
**p.36**　を求めよ。

**ガイド**　2個のさいころを投げるとき，目の和は右
の表のようになる。

| X＼Y | 1 | 2 | 3 | 4 | 5 | 6 |
|---|---|---|---|---|---|---|
| 1 | 2 | 3 | 4 | 5 | 6 | 7 |
| 2 | 3 | 4 | 5 | 6 | 7 | 8 |
| 3 | 4 | 5 | 6 | 7 | 8 | ⑨ |
| 4 | 5 | 6 | 7 | 8 | ⑨ | ⑩ |
| 5 | 6 | 7 | 8 | ⑨ | ⑩ | ⑪ |
| 6 | 7 | 8 | ⑨ | ⑩ | ⑪ | ⑫ |

**解答**　2個のさいころを X，Y とし，たとえば X
は1の目が出て，Y は4の目が出ることを
(1，4) のように表すことにする。

この試行における全事象を $U$ とすると，
$$U=\{(1，1)，(1，2)，……，(6，6)\}$$
だから，根元事象は $6\times6$ 個あり，これらは同様に確からしい。

このうち，出る目の和が9以上になるのは，
$$\{(3，6)\}，\{(4，5)\}，\{(4，6)\}，\{(5，4)\}，\{(5，5)\}，$$
$$\{(5，6)\}，\{(6，3)\}，\{(6，4)\}，\{(6，5)\}，\{(6，6)\}$$
の10個である。

よって，求める確率は，　　$\dfrac{10}{6\times6}=\dfrac{5}{18}$

**■問 26**　6人の選手 A，B，C，D，E，F を，抽選で6つのコースに1列に並べ
教科書
**p.37**　るとき，A が2コース，B が4コース，C が6コースにくる確率を求めよ。

**ガイド**　残り3人を，1，3，5のどのコースに並べるか，
その並べ方の数を求める。

**解答**　6人の選手の並べ方は，${}_6P_6$ 通りあり，これ
らは同様に確からしい。

このうち，A が2コース，B が4コース，C

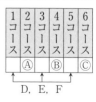

が6コースにくる並べ方の数は，残りの3人の並べ方の数に等しく，
${}_3P_3$ 通り

よって，求める確率は，　　$\dfrac{{}_3P_3}{{}_6P_6}=\dfrac{3!}{6!}=\dfrac{1}{120}$

**問 27**　赤玉7個と白玉8個が入っている袋から，3個の玉を同時に取り出す

教科書
**p.37**　とき，赤玉が2個，白玉が1個出る確率を求めよ。

**ガイド**　赤玉と白玉を別々に考える。赤玉は7個の中から2個，白玉は8個の中から1個を取り出す。

**解答**　15個の玉から3個を取り出す場合の数は，$_{15}C_3$ 通りあり，これらは同様に確からしい。

また，7個の赤玉から2個を取り出す場合の数は，　　$_7C_2$ 通り

　　　　　　8個の白玉から1個を取り出す場合の数は，　　$_8C_1$ 通り

であるから，赤玉2個と白玉1個を取り出す場合の数は，$_7C_2 \times _8C_1$ 通り

よって，求める確率は，　　$\dfrac{_7C_2 \times _8C_1}{_{15}C_3} = \dfrac{\dfrac{7\cdot6}{2\cdot1}\times8}{\dfrac{15\cdot14\cdot13}{3\cdot2\cdot1}} = \dfrac{24}{65}$

**テクニック**　**問 27** のように，計算が複雑になるときは，次のように最後に約分，計算する方が楽で，間違いが少ない。

$$\frac{_7C_2 \times _8C_1}{_{15}C_3} = \frac{7\cdot6}{2\cdot1}\times8 \div \frac{15\cdot14\cdot13}{3\cdot2\cdot1} = \frac{\overset{1}{\cancel{7}}\cdot6\cdot\overset{4}{\cancel{8}}\cdot\overset{1}{\cancel{3}}\cdot2\cdot\cancel{1}}{2\cdot\cancel{1}\cdot\underset{5}{\cancel{15}}\cdot\underset{\cancel{1}}{\cancel{14}}\cdot13} = \frac{24}{65}$$

# 2 確率の基本性質

**☑問 28**　1個のさいころを投げるとき，4以上の目が出る事象を$A$，3の倍数
教科書
**p.38**　の目が出る事象を$B$とする。$A \cap B$，$A \cup B$ を求めよ。

- - - - - - - - - - - - - - - - - - - - - - - - - - - - - - - - - - - - - -

**ガイド**　一般に，2つの事象$A$，$B$において，$A$と$B$がともに起こる事象は，これらの共通部分 $A \cap B$ で表される。また，$A$または$B$が起こる事象は，これらの和集合 $A \cup B$ で表される。事象 $A \cap B$ を共通事象または積事象といい，事象 $A \cup B$ を和事象という。

**解答**　事象$A$，$B$はそれぞれ，$A = \{4, 5, 6\}$，
$B = \{3, 6\}$ と表されるから，
$$A \cap B = \{6\}, \quad A \cup B = \{3, 4, 5, 6\}$$

**☑問 29**　1から5までの番号が1つずつ書かれた5個の赤玉と，1から3まで
教科書
**p.39**　の番号が1つずつ書かれた3個の青玉が入っている袋から，1個の玉を取り出すとき，次の事象のうち，どの2つの組み合わせが排反事象であるか。

①　赤玉が出る事象　　　　　　　②　青玉が出る事象
③　1の番号が出る事象　　　　　④　5の番号が出る事象

- - - - - - - - - - - - - - - - - - - - - - - - - - - - - - - - - - - - - -

**ガイド**　ある試行のもとで2つの事象$A$，$B$が同時には起こらないとき，すなわち，$A \cap B = \varnothing$ のとき，この2つの事象$A$，$B$は互いに**排反**であるといい，互いに排反である事象を**排反事象**という。

　　　2つの事象を組み合わせてできる6つの事象について，空事象$\varnothing$となるものを求める。

**解答**　8個の玉を，赤$_1$，赤$_2$，赤$_3$，赤$_4$，赤$_5$，青$_1$，青$_2$，青$_3$とする。

　　　1個の玉を取り出すとき，赤玉が出る事象を$A$，青玉が出る事象を$B$，1の番号が出る事象を$C$，5の番号が出る事象を$D$とすると，
$$A = \{赤_1, 赤_2, 赤_3, 赤_4, 赤_5\}, \quad B = \{青_1, 青_2, 青_3\},$$
$$C = \{赤_1, 青_1\}, \quad D = \{赤_5\}$$
と表される。
$$A \cap B = \varnothing, \quad A \cap C = \{赤_1\}, \quad A \cap D = \{赤_5\},$$
$$B \cap C = \{青_1\}, \quad B \cap D = \varnothing, \quad C \cap D = \varnothing$$
であるから，$A$と$B$，$B$と$D$，$C$と$D$は互いに排反である。

　　　よって，①と②，②と④，③と④が互いに排反である。

⚠️注意　3つ以上の事象についても，これらのうちのどの2つの事象も互い
に排反であるとき，これらの事象を排反事象という。

**問 30**　赤玉8個と白玉4個が入っている袋から，4個の玉を同時に取り出す
教科書
**p.41**　とき，4個とも同じ色になる確率を求めよ。

ガイド

**ここがポイント 👉[確率の基本性質]**
1　どのような事象$A$に対しても，$0 \leqq P(A) \leqq 1$
2　全事象 $U$ の確率　$P(U)=1$
　　空事象 $\varnothing$ の確率　$P(\varnothing)=0$
3　$A, B$ が排反事象であるとき，
　　$P(A \cup B)=P(A)+P(B)$　**(確率の加法定理)**

3の性質は，3つ以上の排反事象についても成り立つ。
「4個とも赤玉である」という事象と「4個とも白玉である」という
事象は排反事象である。

**解答**　4個とも赤玉である事象を $A$，4個とも白玉である事象を $B$ とする
と，求める確率は $P(A \cup B)$ で，$A$ と $B$ は排反事象であるから，
$$P(A \cup B)=P(A)+P(B)$$
$$=\frac{{}_8C_4}{{}_{12}C_4}+\frac{{}_4C_4}{{}_{12}C_4}=\frac{70}{495}+\frac{1}{495}=\frac{71}{495}$$

**問 31**　1から50までの番号が1つずつ書かれた50枚のカードがある。この
教科書
**p.41**　中から1枚のカードを引くとき，引いたカードの番号が3の倍数または
5の倍数になる確率を求めよ。

ガイド　2つの事象 $A, B$ が互いに排反でないとき，次の等式が成り立つ。
$$P(A \cup B)=P(A)+P(B)-P(A \cap B)$$

**解答**　番号が3の倍数になる事象を $A$，5の倍数になる事象を $B$ とすると，
$A \cap B$ は15の倍数になる事象となり，
$$n(A)=16, \ n(B)=10, \ n(A \cap B)=3 \qquad 50=3 \times 16+2$$
よって，求める確率 $P(A \cup B)$ は，$\qquad\qquad 50=5 \times 10$
$$P(A \cup B)=\frac{16}{50}+\frac{10}{50}-\frac{3}{50}=\frac{23}{50} \qquad 50=15 \times 3+5$$

**問 32**　3枚の硬貨を同時に投げるとき，少なくとも1枚が表である確率を求
めよ。

教科書
**p.42**

**ガイド**　全事象 $U$ の中で，事象 $A$ に対して，「$A$ が起こらない」という事象
を $A$ の**余事象**という。

　　$A$ の余事象は，$A$ の補集合 $\overline{A}$ で表される。

　　事象 $A$ とその余事象 $\overline{A}$ は互いに排反であるから，

　　　$P(A)+P(\overline{A})=1$

> **ここがポイント** 👉 ［余事象の確率］
> 　$P(\overline{A})=1-P(A)$

**解答**　「3枚とも裏である」という事象を $A$ とすると，「少なくとも1枚が
表である」という事象は $\overline{A}$ である。

　　3枚とも裏である確率 $P(A)$ は，　　$P(A)=\dfrac{1}{2^3}=\dfrac{1}{8}$

　　よって，少なくとも1枚が表である確率 $P(\overline{A})$ は，

　　　$P(\overline{A})=1-P(A)=1-\dfrac{1}{8}=\dfrac{7}{8}$

> 「少なくとも〜」という問題では，
> 余事象が使えることが多いよ。

## 節末問題 ｜ 第3節　確率とその基本性質

教科書
**p.43**

**1** 2個のさいころを同時に投げるとき，次の確率を求めよ。

(1) 出る目の和が5以下になる確率

(2) 出る目の和が4の倍数になる確率

(3) 出る目の積が奇数になる確率

**ガイド** (1) 目の和が2，3，4，5になる場合を書いてみる。

(2) 目の和が4，8，12になる場合を書いてみる。

(3) (奇数)×(奇数)=(奇数) である。

**解答** 2個のさいころをX，Yとし，たとえば，Xは1の目が出て，Yは3の目が出ることを (1, 3) のように表すことにする。

この試行における全事象を $U$ とすると，

$U=\{(1, 1), (1, 2), \cdots\cdots, (6, 6)\}$

だから，根元事象は $6\times6$ 個あり，これらは同様に確からしい。

(1) 目の和が5以下になるのは，

$\{(1, 1)\}$,

$\{(1, 2)\}$, $\{(2, 1)\}$,

$\{(1, 3)\}$, $\{(2, 2)\}$, $\{(3, 1)\}$,

$\{(1, 4)\}$, $\{(2, 3)\}$, $\{(3, 2)\}$, $\{(4, 1)\}$

の10個である。

| X\Y | 1 | 2 | 3 | 4 | 5 | 6 |
|---|---|---|---|---|---|---|
| 1 | ② | ③ | ④ | ⑤ | 6 | 7 |
| 2 | ③ | ④ | ⑤ | 6 | 7 | 8 |
| 3 | ④ | ⑤ | 6 | 7 | 8 | 9 |
| 4 | ⑤ | 6 | 7 | 8 | 9 | 10 |
| 5 | 6 | 7 | 8 | 9 | 10 | 11 |
| 6 | 7 | 8 | 9 | 10 | 11 | 12 |

よって，求める確率は，　$\dfrac{10}{6\times6}=\dfrac{5}{18}$

(2) 目の和が4の倍数になるのは，

$\{(1, 3)\}$, $\{(2, 2)\}$, $\{(3, 1)\}$,

$\{(2, 6)\}$, $\{(3, 5)\}$, $\{(4, 4)\}$, $\{(5, 3)\}$,

$\{(6, 2)\}$,

$\{(6, 6)\}$

の9個である。

| X\Y | 1 | 2 | 3 | 4 | 5 | 6 |
|---|---|---|---|---|---|---|
| 1 | 2 | 3 | ④ | 5 | 6 | 7 |
| 2 | 3 | ④ | 5 | 6 | 7 | ⑧ |
| 3 | ④ | 5 | 6 | 7 | ⑧ | 9 |
| 4 | 5 | 6 | 7 | ⑧ | 9 | 10 |
| 5 | 6 | 7 | ⑧ | 9 | 10 | 11 |
| 6 | 7 | ⑧ | 9 | 10 | 11 | ⑫ |

よって，求める確率は，　$\dfrac{9}{6\times6}=\dfrac{1}{4}$

(3)　目の積が奇数になるのは，

$\{(1,\ 1)\}$，$\{(1,\ 3)\}$，$\{(1,\ 5)\}$，

$\{(3,\ 1)\}$，$\{(3,\ 3)\}$，$\{(3,\ 5)\}$，

$\{(5,\ 1)\}$，$\{(5,\ 3)\}$，$\{(5,\ 5)\}$

の 9 個である。

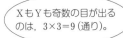

X も Y も奇数の目が出る
のは，$3 \times 3 = 9$ （通り）。

よって，求める確率は，　　　$\dfrac{9}{6 \times 6} = \dfrac{1}{4}$

**別解**　(1)　目の和が 5 以下になる事象は，和が 2 になる事象を $A$，3 にな
る事象を $B$，4 になる事象を $C$，5 になる事象を $D$ とすると，4 つ
の事象の和事象 $A \cup B \cup C \cup D$ である。

この 4 つの事象は，どの 2 つの事象も排反事象であるから，求
める確率は，加法定理より，

$P(A \cup B \cup C \cup D)$

$= P(A) + P(B) + P(C) + P(D) = \dfrac{1}{36} + \dfrac{2}{36} + \dfrac{3}{36} + \dfrac{4}{36} = \dfrac{10}{36} = \dfrac{5}{18}$

(2)　目の和が 4 の倍数になる事象は，和が 4 になる事象を $C$，8 に
なる事象を $E$，12 になる事象を $F$ とすると，3 つの事象の和事象
$C \cup E \cup F$ である。

この 3 つの事象は，どの 2 つの事象も排反事象であるから，求
める確率は，加法定理より，

$P(C \cup E \cup F) = P(C) + P(E) + P(F) = \dfrac{3}{36} + \dfrac{5}{36} + \dfrac{1}{36} = \dfrac{9}{36} = \dfrac{1}{4}$

☐ **2**
教科書
**p.43**
　男子 3 人と女子 3 人について，次の確率を求めよ。

(1)　6 人が 1 列に並ぶとき，男子が両端にくる確率

(2)　6 人が 1 列に並ぶとき，男子 3 人，女子 3 人がそれぞれ続いて並ぶ
確率

(3)　6 人が円卓につくとき，男女が交互に並ぶ確率

**ガイド**　(1)　場合の数は，（両端の並び方の数）×（間の並び方の数）である。

(2)　男女それぞれの並び方と，男子と女子のどちらが左側になるか
を考える。

(3)　まず，男子 3 人が円卓につき，その間 3 か所に女子 3 人が並ぶ。

**解答** (1)(2)　男女合わせた6人が1列に並ぶ方法は $_6P_6$ 通りあり，これら
は同様に確からしい。

(1)　両端での2人の男子の並び方は $_3P_2$ 通り
ある。

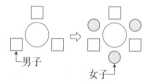

そのそれぞれに対して，残り4人が1列
に並ぶ並び方は $_4P_4$ 通りずつある。

よって，求める確率は，　$\dfrac{_3P_2 \times _4P_4}{_6P_6} = \dfrac{3 \cdot 2 \times 4 \cdot 3 \cdot 2 \cdot 1}{6 \cdot 5 \cdot 4 \cdot 3 \cdot 2 \cdot 1} = \dfrac{1}{5}$

(2)　男子3人の並び方は，　　$_3P_3$ 通り
女子3人の並び方は，　　$_3P_3$ 通り
男子3人と女子3人のどちらが左に並ぶのかは，　　2通り
したがって，並び方の総数は，　　$_3P_3 \times _3P_3 \times 2$（通り）
よって，求める確率は，

$$\dfrac{_3P_3 \times _3P_3 \times 2}{_6P_6} = \dfrac{3 \cdot 2 \cdot 1 \times 3 \cdot 2 \cdot 1 \times 2}{6 \cdot 5 \cdot 4 \cdot 3 \cdot 2 \cdot 1} = \dfrac{1}{10}$$

(3)　男女合わせた6人が円卓につくとき，並び方は $(6-1)!$ 通りあ
り，これらは同様に確からしい。

まず，男子3人が円卓につき，そ
の間の3か所に，3人の女子が1人
ずつ並ぶと，男女が交互に並ぶ並び
方になる。

このとき，男子3人の並び方は，
$(3-1)!$ 通り

そのそれぞれに対して，女子3人の並び方は $_3P_3$ 通りずつある。

よって，求める確率は，　$\dfrac{(3-1)! \times _3P_3}{(6-1)!} = \dfrac{2! \times 3!}{5!} = \dfrac{1}{10}$

---

**3**　当たりくじが4本入っている10本のくじについて，次の確率を求め
教科書
**p.43**　よ。

(1)　同時に3本引くとき，2本以上当たる確率

(2)　同時に4本引くとき，少なくとも1本は当たる確率

**ガイド** (1)　2本当たる事象と3本当たる事象の和事象を考える。

(2)　「少なくとも1本は当たる」という事象は，どんな事象の余事象
であるかを考える。

**解答** (1)　2本当たる事象を $A$，3本当たる事象を$B$とすると，求める確率は $P(A \cup B)$ で，$A$ と $B$ は排反事象であるから，

$$P(A \cup B) = P(A) + P(B) = \frac{{}_4C_2 \times {}_6C_1}{{}_{10}C_3} + \frac{{}_4C_3}{{}_{10}C_3}$$

$$= \frac{36}{120} + \frac{4}{120} = \frac{1}{3}$$

(2)　「1本も当たらない」という事象を$A$とすると，「少なくとも1本は当たる」という事象は $\overline{A}$ である。

1本も当たらない確率 $P(A)$ は，　　$P(A) = \frac{{}_6C_4}{{}_{10}C_4} = \frac{1}{14}$

よって，少なくとも1本は当たる確率 $P(\overline{A})$ は，

$$P(\overline{A}) = 1 - P(A) = 1 - \frac{1}{14} = \frac{13}{14}$$

---

☑ **4**
教科書
**p.43**

A，B，Cの3人でじゃんけんを1回するとき，次の確率を求めよ。
(1)　Aだけが勝つ確率
(2)　1人だけが勝つ確率
(3)　あいこになる確率

**ガイド** (1)　Aはグー，チョキ，パーのどれかを出して勝つ。負ける2人が出す手は，それぞれに対応して自動的に決まる。
(2)　誰が，どの手を出して勝つか，何通りあるかを数える。
(3)　「あいこになる」という事象は，どんな事象の余事象であるかを考える。

**解答** 3人の手の出し方は，$3^3$ 通りあり，これらは同様に確からしい。
(1)　Aがどの手を出して勝つかで，　　${}_3C_1$ 通り
　　それぞれに対応して，B，Cの手は決まる。

　　よって，求める確率は，　　$\frac{{}_3C_1}{3^3} = \frac{1}{3^2} = \frac{1}{9}$

(2)　3人のうちのだれが勝つかで，　　${}_3C_1$ 通り
　　そのそれぞれの場合に，どの手で勝つかで ${}_3C_1$ 通りずつある。

　　よって，求める確率は，　　$\frac{{}_3C_1 \times {}_3C_1}{3^3} = \frac{1}{3}$

(3)　3人でじゃんけんをするとき，
　　「1人だけ勝つ」，「2人だけ勝つ」，「あいこになる」

の事象が考えられる。これらは互いに排反な事象であり，「あいこになる」という事象は，「1人だけ勝つ」と「2人だけ勝つ」の和事象の余事象である。

1人だけ勝つ確率は，(2)より，　$\dfrac{1}{3}$

2人だけ勝つ事象は，

どの2人が勝つかで，${}_3C_2$ 通り

そのそれぞれの場合に，どの手で勝つかで，${}_3C_1$ 通りずつある。

したがって，2人だけ勝つ確率は，　$\dfrac{{}_3C_2 \times {}_3C_1}{3^3} = \dfrac{1}{3}$

よって，あいこになる確率は，　$1 - \left(\dfrac{1}{3} + \dfrac{1}{3}\right) = \dfrac{1}{3}$

**別解**　(3)　あいこになる事象は，「3人が同じ手を出す」事象と，「3人が違う手を出す」事象の和事象で，この2つは排反事象である。

3人が同じ手を出すのは，どの手で同じになるかで，　${}_3C_1$ 通り

3人が違う手を出すのは，3個から3個取る順列で，　${}_3P_3$ 通り

よって，あいこになる確率は，　$\dfrac{{}_3C_1 + {}_3P_3}{3^3} = \dfrac{3 + 3!}{3^3} = \dfrac{9}{3^3} = \dfrac{1}{3}$

---

☑ **5**
教科書
**p.43**

赤玉4個，白玉6個，青玉2個が入っている袋から，3個の玉を同時に取り出すとき，次の確率を求めよ。

(1)　赤玉が1個，白玉が2個になる確率

(2)　少なくとも1個が赤玉になる確率

(3)　3個とも同じ色になる確率

**ガイド**　(1)　赤玉と白玉の取り出し方を別々に考える。

(2)　「少なくとも1個が赤玉になる」という事象は，「3個すべてが白玉か青玉になる」という事象の余事象である。

(3)　3個とも赤玉または3個とも白玉になる確率をそれぞれ求め，確率の加法定理を用いる。

**解答**　12個の玉から3個の玉を取り出す取り出し方は ${}_{12}C_3$ 通りあり，これらは同様に確からしい。

(1)　4個の赤玉から1個を取り出す場合の数は，　${}_4C_1$ 通り

6個の白玉から2個を取り出す場合の数は，　${}_6C_2$ 通り

であるから，赤玉1個と白玉2個を取り出す場合の数は，

$_4C_1 \times _6C_2$ 通り

よって，求める確率は，　$\dfrac{_4C_1 \times _6C_2}{_{12}C_3} = \dfrac{3}{11}$

(2) 「3個すべてが白玉か青玉になる」という事象を$A$とすると，「少なくとも1個が赤玉になる」という事象は$\overline{A}$である。

3個すべてが白玉か青玉になる確率$P(A)$は，

$P(A) = \dfrac{_8C_3}{_{12}C_3} = \dfrac{14}{55}$

よって，少なくとも1個が赤玉になる確率$P(\overline{A})$は，

$P(\overline{A}) = 1 - P(A) = 1 - \dfrac{14}{55} = \dfrac{41}{55}$

(3) 3個とも赤玉になる事象を$B$，3個とも白玉になる事象を$C$とすると，求める確率は$P(B \cup C)$で，$B$と$C$は排反事象であるから，加法定理より，

$P(B \cup C) = P(B) + P(C) = \dfrac{_4C_3}{_{12}C_3} + \dfrac{_6C_3}{_{12}C_3}$

$= \dfrac{1}{55} + \dfrac{1}{11} = \dfrac{6}{55}$

# 第4節 いろいろな確率

## 1 独立な試行

**問33**
赤玉4個と白玉2個が入っている袋Xと，赤玉3個と白玉2個が入っている袋Yがある。それぞれの袋から1個ずつ玉を取り出すとき，2個とも白玉が出る確率を求めよ。また，少なくとも1個は白玉が出る確率を求めよ。

教科書
**p.46**

**ガイド** 2つの試行が互いに他方の結果に影響を与えないとき，これらの試行は**独立**であるという。

> **ここがポイント☞ [独立な試行の確率]**
> 2つの試行 $T_1$ と $T_2$ が独立であるとき，$T_1$ では事象 $A$ が起こり，$T_2$ では事象 $B$ が起こる確率は，　$P(A) \times P(B)$

「少なくとも1個は白玉が出る」という事象は，「2個とも赤玉が出る」という事象の余事象である。

**解答** それぞれの袋から玉を取り出すことは独立な試行である。

袋Xから白玉を取り出す確率は，　$\dfrac{2}{6}$

袋Yから白玉を取り出す確率は，　$\dfrac{2}{5}$

よって，**2個とも白玉が出る確率**は，

$$\dfrac{2}{6} \times \dfrac{2}{5} = \dfrac{2}{15}$$

また，2個とも赤玉が出る確率は，

袋Xから赤玉を取り出す確率は，　$\dfrac{4}{6}$

袋Yから赤玉を取り出す確率は，　$\dfrac{3}{5}$

であるから，　$\dfrac{4}{6} \times \dfrac{3}{5} = \dfrac{2}{5}$

よって，**少なくとも1個は白玉が出る確率**は，

$$1 - \dfrac{2}{5} = \dfrac{3}{5}$$

独立かどうか
確認しよう。

**問34**

教科書
**p.46**

1から6までの整数を1つずつ書いたカード6枚が入っている袋Xと，5から9までの整数を1つずつ書いたカード5枚が入っている袋Yと，8から11までの整数を1つずつ書いたカード4枚が入っている袋Zがある。それぞれの袋から1枚ずつカードを取り出すとき，3枚とも奇数が出る確率を求めよ。

**ガイド**　3つの試行 $T_1$，$T_2$，$T_3$ が独立であるとき，$T_1$ では事象 $A$ が起こり，$T_2$ では事象 $B$ が起こり，$T_3$ では事象 $C$ が起こる確率は，

$$P(A) \times P(B) \times P(C)$$

となる。4つ以上の独立な試行についても，同様である。

**解答**　それぞれの袋からカードを取り出すことは独立な試行である。

袋 $X$ から奇数が出る確率は，　$\dfrac{3}{6}$

袋 $Y$ から奇数が出る確率は，　$\dfrac{3}{5}$

袋 $Z$ から奇数が出る確率は，　$\dfrac{2}{4}$

よって，求める確率は，　$\dfrac{3}{6} \times \dfrac{3}{5} \times \dfrac{2}{4} = \dfrac{3}{20}$

## 2 反復試行

**問35**

教科書
**p.48**

1個のさいころを5回続けて投げるとき，3の倍数の目がちょうど4回出る確率を求めよ。

**ガイド**　同じ条件のもとで独立な試行を繰り返すとき，その一連の試行を**反復試行**という。

**ここがポイント [反復試行の確率]**

1回の試行で事象 $A$ の起こる確率を $p$ とすると，この試行を $n$ 回繰り返すとき，$A$ がちょうど $r$ 回起こる確率は，

$${}_n\mathrm{C}_r p^r (1-p)^{n-r}$$　　ただし，$r = 0, 1, 2, \cdots\cdots, n$

$p^0 = 1$，$(1-p)^0 = 1$ と定める。

5回の試行のうち，3の倍数（3または6）の目が出るのは，どの4回なのかで ${}_5\mathrm{C}_4$ 通りある。

**解答▶** 1個のさいころを1回投げるとき，3の倍数の目が出る確率は，

$$\frac{2}{6} = \frac{1}{3}$$

よって，この試行を5回繰り返すとき，3の倍数の目がちょうど4回出る確率は，

$${}_5C_4\left(\frac{1}{3}\right)^4\left(1-\frac{1}{3}\right) = 5\left(\frac{1}{3}\right)^4\left(\frac{2}{3}\right) = 5 \times \frac{2}{3^5} = \frac{10}{243}$$

**⚠注意** **◢問 35** を教科書 p.47 の解説のように考えて理解を深めよう。

ある回で，

3の倍数の目が出ることを○

3の倍数でない目が出ることを×

で表すと，3の倍数の目が5回のうち4回出る場合は右の表のようになり，その場合の数は，${}_5C_4$ 通り。

${}_5C_4$ 通り

| 回<br>場合 | 1 | 2 | 3 | 4 | 5 |
|---|---|---|---|---|---|
| ① | ○ | ○ | ○ | ○ | × |
| ② | ○ | ○ | ○ | × | ○ |
| ③ | ○ | ○ | × | ○ | ○ |
| ④ | ○ | × | ○ | ○ | ○ |
| ⑤ | × | ○ | ○ | ○ | ○ |

次に，①〜⑤のどの場合も，○が4個と×が1個であるから，その確率は，$\left(\frac{1}{3}\right)^4\left(\frac{2}{3}\right)$

よって，求める確率は，　　${}_5C_4\left(\frac{1}{3}\right)^4\left(\frac{2}{3}\right) = \frac{10}{243}$

---

**◢問 36** 赤玉2個と白玉6個が入っている袋から，玉を1個取り出して，その色を見てから袋に戻すという試行を5回繰り返す。

教科書
**p.48**

このとき，赤玉が3回出る確率を求めよ。

- - - - - - - - - - - - - - - - - - - - - - - - - - - - - - - - - - - - - - - -

**ガイド** 取り出した玉をもとに戻すから，玉を取り出す試行は独立である。反復試行の確率 ${}_nC_r p^r(1-p)^{n-r}$ が利用できる。

**解答▶** 玉を1個取り出したとき，それが赤玉である確率は，

$$\frac{2}{8} = \frac{1}{4}$$

よって，この試行を5回繰り返すとき，赤玉が3回出る確率は，

$${}_5C_3\left(\frac{1}{4}\right)^3\left(1-\frac{1}{4}\right)^2 = 10\left(\frac{1}{4}\right)^3\left(\frac{3}{4}\right)^2$$

$$= 10 \times \frac{3^2}{4^5} = \frac{45}{512}$$

# 3　条件付き確率

**問 37**　右の表は，ある観光バスの乗客の数を，
教科書 **p.49**　男子，女子，日本人，外国人について調べ
たものである。この乗客の中から1人を
選ぶとき，その乗客が男子であるという
事象を$A$，日本人であるという事象を$B$として，確率$P_A(B)$を求めよ。

|  | 日本人 | 外国人 |
|---|---|---|
| 男子 | 15 | 8 |
| 女子 | 11 | 6 |

**ガイド**　一般に，全事象$U$の部分集合で表される2つの事象$A$，$B$について，
$A$が起こったことがわかったとして，さらに$B$が起こる確率を，$A$が
起こったときの$B$の**条件付き確率**といい，$P_A(B)$で表す。

　条件付き確率$P_A(B)$は，$A$を全事象
とみなしたときの事象$A \cap B$の起こる
確率と考えられるから，

$$P_A(B) = \frac{n(A \cap B)}{n(A)} \quad \cdots\cdots ①$$

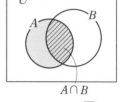

**解答**　$n(A) = 15 + 8 = 23$，$n(A \cap B) = 15$

であるから，　$P_A(B) = \dfrac{n(A \cap B)}{n(A)} = \dfrac{15}{23}$

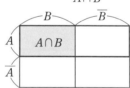

**⚠注意1**　$n(A) = 0$のとき，条件付き確率は考え
ない。

**⚠注意2**　条件付き確率$P_A(B)$は，一般には$P(B)$と一致しない。

　　**問 37** では，　$P(B) = \dfrac{n(B)}{n(U)} = \dfrac{15 + 11}{15 + 8 + 11 + 6} = \dfrac{26}{40} = \dfrac{13}{20}$

であり，　$P_A(B) \neq P(B)$

**問 38**　2つのさいころを同時に投げる試行において，出た目の一方が1であ
教科書 **p.50**　ったとき，もう一方の目も1である確率を求めよ。

**ガイド**　上の等式①の右辺の分母と分子を$n(U)$で割ると，

$$\frac{n(A)}{n(U)} = P(A)，\quad \frac{n(A \cap B)}{n(U)} = P(A \cap B) \text{ であるから，}$$

$$P_A(B) = \frac{P(A \cap B)}{P(A)} \quad \cdots\cdots ②$$

第1章　場合の数と確率

「出た目の一方が1である」事象は，「2つのさいころのうち少なくとも一方の目は1である」事象と考える。その確率は，どちらも1以外の目が出る事象の余事象の確率として求めればよい。

**解答▶** 「出た目の一方が1である」事象を $A$，「もう一方の目も1である」事象を $B$ とする。

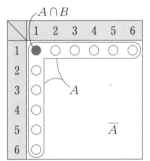

確率 $P(A)$ は，2つのさいころのうち少なくとも一方の目は1である確率であるから，

$$P(A)=1-\left(\frac{5}{6}\right)^2=\frac{11}{36}$$

確率 $P(A\cap B)$ は，2つのさいころの目とも1である確率であるから，

$$P(A\cap B)=\left(\frac{1}{6}\right)^2=\frac{1}{36}$$

よって，求める確率は，

$$P_A(B)=\frac{P(A\cap B)}{P(A)}=\frac{1}{36}\div\frac{11}{36}=\frac{1}{11}$$

図や表が理解の助けになるね。

---

**問39** 1から13までの数字が1つずつ書かれた13枚のカードの中から，1枚ずつ2回引く。ただし，引いたカードはもとに戻さないものとする。このとき，2枚とも3の倍数になる確率を求めよ。

教科書 **p.51**

**ガイド** 前ページの等式②から，次の定理が成り立つ。

**ここがポイント☞** [確率の乗法定理]
$$P(A\cap B)=P(A)P_A(B)$$

**解答▶** 1枚目が3の倍数になる事象を $A$，2枚目が3の倍数になる事象を $B$ とすると，求める確率は $P(A\cap B)$ である。

確率 $P(A)$ は，13枚の中から3の倍数のカードを引く確率で，

$$P(A)=\frac{4}{13}$$

1枚目が3の倍数であるとき，残り12枚の中に3の倍数は3枚あるから，確率 $P_A(B)$ は，

$$P_A(B)=\frac{3}{12}=\frac{1}{4}$$

よって，$P(A\cap B)=P(A)P_A(B)=\dfrac{4}{13}\times\dfrac{1}{4}=\dfrac{1}{13}$

[別解] 「1枚ずつ2回引いて並べる」という操作を1回とみなすと，求める

確率は，$\dfrac{{}_4\mathrm{P}_2}{{}_{13}\mathrm{P}_2}=\dfrac{4\cdot3}{13\cdot12}=\dfrac{1}{13}$

---

[■問 40]

教科書 **p.52**

当たりくじが4本入っている10本のくじがある。このくじをAが1本引いた後で，Bが1本引く。このとき，Aが当たる確率，およびBが当たる確率を求めよ。ただし，引いたくじは，もとに戻さないものとする。

- - - - - - - - - - - - - - - - - - - - - - - - - - - - - - - - - - - - - - -

[ガイド] Bが当たるのは，「Aが当たり，Bも当たる」または「Aがはずれ，Bが当たる」のいずれかである。

[解答] Aが当たる確率は，$\dfrac{4}{10}=\dfrac{2}{5}$ である。

Bが当たるのは，
- (i) Aが当たり，Bも当たる。
- (ii) Aがはずれ，Bが当たる。

のいずれかで，これらは互いに排反である。

よって，Bが当たる確率は，

$$\frac{2}{5}\times\frac{3}{9}+\frac{3}{5}\times\frac{4}{9}=\frac{2}{5}$$

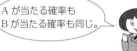

Aが当たる確率もBが当たる確率も同じ。

# 節末問題 | 第4節　いろいろな確率

☑ **1**
教科書
**p.53**
　赤玉4個と白玉1個が入っている袋Sと，赤玉6個と白玉2個が入っている袋Tがある。それぞれの袋から1個ずつ玉を取り出すとき，少なくとも1個は赤玉が出る確率を求めよ。

**ガイド**　「少なくとも1個は赤玉が出る」という事象は，「2個とも白玉が出る」という事象の余事象であるので，余事象の確率を用いる。

**解答**　「2個とも白玉が出る」という事象を $A$ とすると，「少なくとも1個は赤玉が出る」という事象は $\overline{A}$ である。

　それぞれの袋から玉を取り出すことは，独立な試行である。

　　袋Sから白玉1個を取り出す確率は，　$\dfrac{1}{5}$

　　袋Tから白玉1個を取り出す確率は，　$\dfrac{2}{8}=\dfrac{1}{4}$

　　2個とも白玉が出る確率 $P(A)$ は，　　$P(A)=\dfrac{1}{5}\times\dfrac{1}{4}=\dfrac{1}{20}$

　よって，少なくとも1個は赤玉が出る確率は，

$$P(\overline{A})=1-P(A)=1-\dfrac{1}{20}=\dfrac{\mathbf{19}}{\mathbf{20}}$$

☑ **2**
教科書
**p.53**
　赤玉3個，青玉2個，白玉1個が入っている袋から，玉を1個取り出し，その色を見てから袋に戻すという試行を5回繰り返すとき，次の確率を求めよ。

(1)　赤玉が2回，青玉が1回，白玉が2回出る確率

(2)　赤玉が4回以上出る確率

**ガイド**　取り出した玉を袋に戻すから，玉を取り出す試行は独立である。

(1)　5回の中で，赤玉が2回，青玉が1回，白玉が2回出るから，その場合の数は，${}_5C_2\times{}_3C_1\times{}_2C_2$ 通りある。

(2)　赤玉がちょうど4回出る事象と5回出る事象の和事象であり，2つの事象は排反事象である。

**解答**　(1)　玉を1個取り出したとき，それが赤玉である確率は $\dfrac{3}{6}=\dfrac{1}{2}$，

青玉である確率は $\dfrac{2}{6}=\dfrac{1}{3}$，白玉である確率は $\dfrac{1}{6}$ である。

玉の取り出し方の場合の数は，5回の中で赤玉が2回，青玉が
1回，白玉が2回出るから，

$$_5C_2 \times {}_3C_1 \times {}_2C_2 = \frac{5 \cdot 4}{2 \cdot 1} \times 3 \times 1 = 30 \,(\text{通り})$$

よって，求める確率は，　$30\left(\frac{1}{2}\right)^2\left(\frac{1}{3}\right)^1\left(\frac{1}{6}\right)^2 = \frac{30}{4 \cdot 3 \cdot 36} = \frac{5}{72}$

(2)　赤玉が4回以上出るのは，

(i)　赤玉がちょうど4回出る。

(ii)　5回とも赤玉が出る。

のいずれかで，これらは互いに排反である。

よって，求める確率は，

$$_5C_4\left(\frac{1}{2}\right)^4\left(1-\frac{1}{2}\right) + \left(\frac{1}{2}\right)^5 = 5 \times \frac{1}{2^5} + \frac{1}{2^5} = \frac{6}{2^5} = \frac{3}{16}$$

**3**
教科書 **p.53**
　あるボランティア活動の参加者は，全体の45%が高校生で，全体の
20%が高校1年生であった。参加者の中から1人を選び出したところ，
高校生であった。この参加者が高校1年生である確率を求めよ。

**ガイド**　参加者の中から選んだ1人が高校生であることがわかったとして，
さらに高校1年生である条件付き確率を求める。

**解答**　ボランティア活動の参加者の中から1人を選ぶとき，その参加者が
高校生であるという事象を $A$，1年生であるという事象を $B$ として，
確率 $P_A(B)$ を求める。

全体の45%が高校生であるから，　$P(A) = \frac{45}{100} = \frac{9}{20}$

全体の20%が高校1年生であるから，　$P(A \cap B) = \frac{20}{100} = \frac{1}{5}$

よって，求める確率は，

$$P_A(B) = \frac{P(A \cap B)}{P(A)} = \frac{1}{5} \div \frac{9}{20} = \frac{20}{5 \cdot 9} = \frac{4}{9}$$

## 第5節　期待値

### 1　期待値

**問 41**　10本のくじのうち，2本の賞金は1000円，3本の賞金は500円で，残りははずれである。このくじを1本引くとき，いくらの賞金が期待できるか。

- - - - - - - - - - - - - - - - - - - - - - - - - - - - - - - - - - - - - -

**ガイド**　一般に，ある試行の結果によって値の定まる数量 $X$ があって，$X$ のとり得る値のすべてが，$x_1, x_2, x_3, \cdots\cdots, x_n$ であり，その値をとる確率 $p$ が，それぞれ，$p_1, p_2, p_3, \cdots\cdots, p_n$ であるとすると，

$$p_1+p_2+p_3+\cdots\cdots+p_n=1$$

である。このとき，

| $X$ | $x_1$ | $x_2$ | $\cdots\cdots$ | $x_n$ | 計 |
|---|---|---|---|---|---|
| $p$ | $p_1$ | $p_2$ | $\cdots\cdots$ | $p_n$ | 1 |

$$E=x_1p_1+x_2p_2+x_3p_3+\cdots\cdots+x_np_n$$

を数量 $X$ の**期待値**という。

> **ここがポイント**☞ ［期待値］
> $$E=x_1p_1+x_2p_2+x_3p_3+\cdots\cdots+x_np_n$$

**解答**　賞金が1000円，500円，0円となる確率は，それぞれ $\dfrac{2}{10}, \dfrac{3}{10}, \dfrac{5}{10}$ であるから，このくじを1本引くときに期待できる賞金の額は，

$$1000\times\frac{2}{10}+500\times\frac{3}{10}+0\times\frac{5}{10}=\textbf{350（円）}$$

**問 42**　3枚の硬貨を同時に投げるとき，表の出る枚数の期待値を求めよ。

- - - - - - - - - - - - - - - - - - - - - - - - - - - - - - - - - - - - - -

**ガイド**　数量 $X$ は，表が出る枚数で，とり得る値は0，1，2，3である。それぞれの値をとる確率を，たとえば，右のような樹形図を用いて求め，$E$ の式を使う。

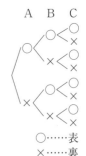

A B C

○……表
×……裏

**解答**　表の出る枚数 $X$ とその確率 $p$ は，右の表のようになる。

| $X$ | 0 | 1 | 2 | 3 | 計 |
|---|---|---|---|---|---|
| $p$ | $\dfrac{1}{8}$ | $\dfrac{3}{8}$ | $\dfrac{3}{8}$ | $\dfrac{1}{8}$ | 1 |

よって，$X$ の期待値 $E$ は，

$$E=0\cdot\frac{1}{8}+1\cdot\frac{3}{8}+2\cdot\frac{3}{8}+3\cdot\frac{1}{8}=\frac{12}{8}=\textbf{$\frac{3}{2}$（枚）}$$

**問 43**
教科書 **p.56**

1つの面に数1が，2つの面に数2が，3つの面に数3が書かれた立方体のさいころを投げるとき，出る目の数の期待値を求めよ。

**ガイド**　数量 $X$ は，出る目の数で，とり得る値は1，2，3である。確率は，面の数に対応することに注意する。

**解答**　出る目の数 $X$ とその確率 $p$ を表にすると，右のようになる。

| $X$ | 1 | 2 | 3 | 計 |
|---|---|---|---|---|
| $p$ | $\dfrac{1}{6}$ | $\dfrac{2}{6}$ | $\dfrac{3}{6}$ | 1 |

よって，$X$ の期待値 $E$ は，

$$E = 1 \cdot \frac{1}{6} + 2 \cdot \frac{2}{6} + 3 \cdot \frac{3}{6} = \frac{14}{6} = \frac{7}{3}$$

**問 44**
教科書 **p.56**

1本100円のくじが売られている。くじは全部で100本あり，そのうち10本の賞金は500円，30本の賞金は100円，50本の賞金は30円で，残りははずれである。このくじを買うことは得であるといえるだろうか。

**ガイド**　1本に支払う100円と，賞金の期待値を比べる。

**解答**　賞金 $X$（円）とその確率 $p$ を表にすると，右のようになる。

| $X$ | 500 | 100 | 30 | 0 | 計 |
|---|---|---|---|---|---|
| $p$ | $\dfrac{10}{100}$ | $\dfrac{30}{100}$ | $\dfrac{50}{100}$ | $\dfrac{10}{100}$ | 1 |

よって，賞金の期待値 $E$ は，

$$E = 500 \cdot \frac{10}{100} + 100 \cdot \frac{30}{100} + 30 \cdot \frac{50}{100} + 0 \cdot \frac{10}{100} = \frac{9500}{100} = 95 \text{（円）}$$

賞金の期待値が100円より小さいから，買うことは**得ではない**。

**問 45**
教科書 **p.56**

2個のさいころを同時に投げるとき，出た目のうち大きい方の数の期待値を求めよ。

**ガイド**　2個のさいころを A，B とし，同時に投げるとき，出た目のうちの大きい方の数についてまとめると，右の表のようになる。これらの大きい方の数を $X$ として，それぞれの値をとる確率 $p$ を求め，期待値 $E$ の式を使う。

| A\B | 1 | 2 | 3 | 4 | 5 | 6 |
|---|---|---|---|---|---|---|
| 1 | 1 | 2 | 3 | 4 | 5 | 6 |
| 2 | 2 | 2 | 3 | 4 | 5 | 6 |
| 3 | 3 | 3 | 3 | 4 | 5 | 6 |
| 4 | 4 | 4 | 4 | 4 | 5 | 6 |
| 5 | 5 | 5 | 5 | 5 | 5 | 6 |
| 6 | 6 | 6 | 6 | 6 | 6 | 6 |

**解答**　2個のさいころの目の出方は，全部で，

$$6 \times 6 = 36 \text{（通り）}$$

大きい方の数を $X$ とすると,
$X$ のとり得る値は,

　　1, 2, 3, 4, 5, 6

| $X$ | 1 | 2 | 3 | 4 | 5 | 6 | 計 |
|---|---|---|---|---|---|---|---|
| $p$ | $\dfrac{1}{36}$ | $\dfrac{3}{36}$ | $\dfrac{5}{36}$ | $\dfrac{7}{36}$ | $\dfrac{9}{36}$ | $\dfrac{11}{36}$ | 1 |

で, それぞれの値をとる確率 $p$ は, 上の表のようになる。

　よって, $X$ の期待値 $E$ は,

$$E = 1 \cdot \frac{1}{36} + 2 \cdot \frac{3}{36} + 3 \cdot \frac{5}{36} + 4 \cdot \frac{7}{36} + 5 \cdot \frac{9}{36} + 6 \cdot \frac{11}{36} = \frac{161}{36}$$

⚠注意　たとえば, A は 1 の目が出て, B は 3 の目が出ることを (1, 3) のように表して, 目の出方を大きい方の数で分類すると, 下のようになる。

1 ……(1, 1)

2 ……(1, 2), (2, 1), (2, 2)

3 ……(1, 3), (2, 3), (3, 1), (3, 2), (3, 3)

4 ……(1, 4), (2, 4), (3, 4), (4, 1), (4, 2), (4, 3), (4, 4)

5 ……(1, 5), (2, 5), (3, 5), (4, 5), (5, 1), (5, 2), (5, 3),
　　　 (5, 4), (5, 5)

6 ……(1, 6), (2, 6), (3, 6), (4, 6), (5, 6), (6, 1), (6, 2),
　　　 (6, 3), (6, 4), (6, 5), (6, 6)

# 節末問題 | 第5節　期待値

☑ **1**
教科書
**p.57**

　2枚の10円硬貨と1枚の100円硬貨を同時に投げるとき，表が出た硬貨の合計金額の期待値を求めよ。

**ガイド**　硬貨の表裏の出方を樹形図にかいて，表が出た硬貨の合計金額を調べる。

**解答**　3枚の硬貨の表裏の出方は，全部で，　　$2^3 = 8$（通り）

　表が出た硬貨の合計金額を数量$X$とし，硬貨の表が出ることを○，裏が出ることを×で表して，表裏の出方とそれぞれの$X$の値を樹形図にかくと，右のようになる。

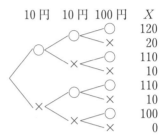

| 10円 | 10円 | 100円 | $X$ |
| --- | --- | --- | --- |
| | | | 120 |
| | | | 20 |
| | | | 110 |
| | | | 10 |
| | | | 110 |
| | | | 10 |
| | | | 100 |
| | | | 0 |

　$X$のとり得る値は，0，10，20，100，110，120で，それぞれの値をとる確率$p$は，右の表のようになる。

| $X$ | 0 | 10 | 20 | 100 | 110 | 120 | 計 |
| --- | --- | --- | --- | --- | --- | --- | --- |
| $p$ | $\dfrac{1}{8}$ | $\dfrac{2}{8}$ | $\dfrac{1}{8}$ | $\dfrac{1}{8}$ | $\dfrac{2}{8}$ | $\dfrac{1}{8}$ | 1 |

　よって，$X$の期待値$E$は，

$$E = 0 \cdot \frac{1}{8} + 10 \cdot \frac{2}{8} + 20 \cdot \frac{1}{8} + 100 \cdot \frac{1}{8} + 110 \cdot \frac{2}{8} + 120 \cdot \frac{1}{8} = \frac{480}{8}$$

$$= 60 \text{（円）}$$

☑ **2**
教科書
**p.57**

　2個のさいころを同時に投げて，同じ目が出れば200点，1つ違いの目が出れば100点得られ，それ以外の目の出方のときは20点失うゲームを行うとき，得点の期待値を求めよ。

**ガイド**　同じ目が出るのは，$(1, 1)$，$(2, 2)$，$(3, 3)$，$(4, 4)$，$(5, 5)$，$(6, 6)$の6通り。

　1つ違いの目が出るのは，$(1, 2)$，$(2, 1)$，$(2, 3)$，$(3, 2)$，$(3, 4)$，$(4, 3)$，$(4, 5)$，$(5, 4)$，$(5, 6)$，$(6, 5)$の10通り。

　それ以外の目が出るのは，　$36 - 6 - 10 = 20$（通り）

**解答**　2個のさいころを同時に投げるとき，目の出方は，全部で，

　　　$6 \times 6 = 36$（通り）

　　得点を $X$ 点とすると，$X$ のとり得
る値は，　　200，100，$-20$
で，それぞれの値をとる確率 $p$ は，右
の表のようになる。

| $X$ | 200 | 100 | $-20$ | 計 |
|---|---|---|---|---|
| $p$ | $\dfrac{6}{36}$ | $\dfrac{10}{36}$ | $\dfrac{20}{36}$ | 1 |

　　よって，$X$ の期待値 $E$ は，

$$E = 200 \cdot \frac{6}{36} + 100 \cdot \frac{10}{36} + (-20) \cdot \frac{20}{36} = \frac{1800}{36} = 50 \,(\textbf{点})$$

## 章末問題

──────────────── A ────────────────

☑ **1**
教科書
**p.58**

集合 $\{a, b, c, d\}$ の部分集合の個数を求めよ。

**ガイド** それぞれの要素が集合に入っているかいないかで 2 通りずつある。
空集合 $\varnothing$ もその集合自身も部分集合の 1 つである。

**解答** $a$ が要素である部分集合か，要素ではない部分集合かで，$a$ について 2 通り考えられる。$b, c, d$ についても同様で，2 通りずつある。
よって，部分集合の個数は，　$2^4 = 16$ (個)

**⚠注意1** 要素であるか，要素でないかの 2 個から，$a, b, c, d$ について，4 個取る重複順列と考えられるから，その総数は，$2^4 = 16$ (個)

**⚠注意2** 要素の個数に注目すると，部分集合の個数は，
$${}_4C_0 + {}_4C_1 + {}_4C_2 + {}_4C_3 + {}_4C_4 = 1 + 4 + 6 + 4 + 1 = 16\,(個)$$

**⚠注意3** 部分集合をすべて書き出すと，$\varnothing$，$\{a\}$，$\{b\}$，$\{c\}$，$\{d\}$，
$\{a, b\}$，$\{a, c\}$，$\{a, d\}$，$\{b, c\}$，$\{b, d\}$，$\{c, d\}$，$\{a, b, c\}$，
$\{a, b, d\}$，$\{a, c, d\}$，$\{b, c, d\}$，$\{a, b, c, d\}$ の 16 個。

☑ **2**
教科書
**p.58**

$x + y + z = 10$ を満たす負でない整数 $x, y, z$ の組は何通りあるか。

**ガイド** 負でない整数とは，0 または正の整数のことであり，$x + y + z = 10$ を満たす解 $(x, y, z)$ は，$(2, 5, 3)$ や $(4, 0, 6)$，$(0, 3, 7)$ などが考えられる。たとえば，$(2, 5, 3)$ を，$x, x, y, y, y, y, y, z, z, z$ と対応させれば，$x, y, z$ の 3 個から 10 個取る重複組合せといえる。

**解答** $x + y + z = 10$ を満たす負でない整数 $x, y, z$ の組の総数は，3 個の文字 $x, y, z$ から，同じものを繰り返し取ることを許して，10 個取るときの組合せの総数と等しい。

この組合せは，右の図のように，10 個の ○ と 2 個の仕切り | を合わせた 12 個を 1 列に並べた順列に対応する。

よって，求める $x$, $y$, $z$ の組の総数は，12 個の場所から○を入れる 10 個の場所を選ぶ方法の総数と考えて，

$$_{12}C_{10} = {}_{12}C_2 = \frac{12 \cdot 11}{2 \cdot 1} = 66\,(\textbf{通り})$$

**□ 3**
教科書 **p.58**

数直線上で，点Pは原点Oを出発点とし，さいころを投げて 2 以下の目が出たときは正の向きに 3 だけ進み，他の目が出たときは負の向きに 1 だけ進むものとする。さいころを 6 回投げたとき，点Pが 2 の位置にいる確率を求めよ。

**ガイド** 2 以下の目が $x$ 回，他の目が $y$ 回出たとして，条件を満たすような $x$, $y$ の組を求める。反復試行の確率を用いる。

**解答** さいころを 6 回投げたとき，2 以下の目が $x$ 回，他の目が $y$ 回出たとすると，点Pが 2 の位置にいるから，

$$\begin{cases} x+y=6 \\ 3x+(-1)y=2 \end{cases}$$

これを解くと， $x=2$, $y=4$

さいころを 1 回投げたとき，2 以下の目が出る確率は， $\dfrac{2}{6} = \dfrac{1}{3}$

よって，さいころを 6 回投げたとき，点Pが 2 の位置にいる確率は，

$$_6C_2\left(\frac{1}{3}\right)^2\left(1-\frac{1}{3}\right)^4 = 15\left(\frac{1}{3}\right)^2\left(\frac{2}{3}\right)^4 = \frac{15 \cdot 2^4}{3^6} = \frac{80}{243}$$

**□ 4**
教科書 **p.58**

重さの異なる 3 個の玉が入っている袋から玉を 1 つ取り出し，もとに戻さずにもう 1 つ取り出した。1 回目よりも 2 回目に取り出した玉の方が重かったとき，2 回目に取り出した玉が 3 個の玉の中で最も重い玉である確率を求めよ。

**ガイド** 1 回目より 2 回目に取り出した玉の方が重いのは，2 回目に取り出した玉が最も重い場合か，2 番目に重い場合である。

**解答** 3 個の玉を，重さが軽い方から順に，①，②，③とする。

「1 回目よりも 2 回目に取り出した玉のほうが重い」事象を $A$，「2 回目に取り出した玉が 3 個の玉の中で最も重い玉である」事象を $B$ とし，たとえば，1 回目には②を取り出し，2 回目には①を取り出すことを (②，①) のように表すことにすると，

$$A=\{(①, ②), (①, ③), (②, ③)\}$$
$$A \cap B = B = \{(①, ③), (②, ③)\}$$

であるから，求める確率は，

$$P_A(B) = \frac{n(A \cap B)}{n(A)} = \frac{2}{3}$$

⚠注意　3個の玉の中から，玉を1つ取り出し，もとに戻さずにもう1つ取り出す方法は $_3P_2$ 通りあるから，

$$P(A) = \frac{3}{_3P_2} = \frac{3}{3 \cdot 2} = \frac{1}{2}, \qquad P(A \cap B) = \frac{2}{_3P_2} = \frac{2}{3 \cdot 2} = \frac{1}{3}$$

よって，　$P_A(B) = \frac{P(A \cap B)}{P(A)} = \frac{1}{3} \div \frac{1}{2} = \frac{2}{3}$

---

**5**　1個のさいころを繰り返し投げ，出た目の数の和が3以上となったら投げることを終了する。このとき，次の問いに答えよ。

教科書 p.58

(1)　さいころを投げる回数が1回で終了する確率を求めよ。

(2)　さいころを投げる回数が2回で終了する確率を求めよ。

(3)　終了するまでにさいころを投げる回数の期待値を求めよ。

**ガイド**　(1)　1回目に3以上の目が出たとき，和は3以上になったとする。

(2)　1回目に出る目は，1または2である。

(3)　多くても3回投げれば終了する。1回目，2回目とも1の目が出た場合だけ，3回投げることになる。

**解答**　(1)　1回目に，3，4，5，6のいずれかの目が出た場合，1回で投げることを終了する。

よって，求める確率は，　$\frac{4}{6} = \frac{2}{3}$

(2)　2回目を投げるのは，1回目に出る目は，1または2であり，2回で投げることを終了するのは，

1回目に1の目が出るとき，2回目は2以上の目が出る，

1回目に2の目が出るとき，2回目は1以上の目が出る

のいずれかの場合で，これらは排反事象である。

よって，求める確率は，　$\frac{1}{6} \times \frac{5}{6} + \frac{1}{6} \times \frac{6}{6} = \frac{11}{36}$

(3)　1回目，2回目とも1の目が出るとき，3回目を投げ，どの目が出ても投げることを終了する。

この確率は，　$\dfrac{1}{6}\times\dfrac{1}{6}\times\dfrac{6}{6}=\dfrac{1}{36}$

4回以上投げることはない。

| $X$ | 1 | 2 | 3 | 計 |
|---|---|---|---|---|
| $p$ | $\dfrac{2}{3}$ | $\dfrac{11}{36}$ | $\dfrac{1}{36}$ | 1 |

よって，終了するまでにさいころを投げる回数の期待値$E$は，

$$E=1\times\dfrac{2}{3}+2\times\dfrac{11}{36}+3\times\dfrac{1}{36}=\dfrac{24+22+3}{36}=\dfrac{49}{36}\text{（回）}$$

───────────── B ─────────────

**6**
教科書 **p.59**

6人の生徒を，次のように分ける方法は何通りあるか。

(1) 2つの部屋 A，B に入るように分ける。ただし，どの部屋にも少なくとも1人は入る。

(2) 3つの部屋 P，Q，R に入るように分ける。ただし，どの部屋にも少なくとも1人は入る。

(3) 3つのグループに分ける。

**ガイド** (1) 1人も入らない部屋があってもよいとして，2つの部屋に分ける場合の数から，6人が1つの部屋のみに入る場合の数を除く。

(2) (1)と同様に考える。ただし，後から除くのは，(1)のように2つの部屋に入る場合の数と，1つの部屋のみに入る場合の数になる。

(3) (2)の分け方において，P，Q，R の区別をなくす。

**解答** (1) はじめに，1人も入らない部屋があってもよいとして，6人を2つの部屋 A，B に入るように分ける。

A，B2個から6個取る重複順列と考えられるから，分け方の総数は，

$2^6=64$（通り）

ここから，6人ともAの部屋に入る場合と，6人ともBの部屋に入る場合の合わせて2通りの場合を除く。

よって，求める場合の数は，　$64-2=62$（**通り**）

(2) 1人も入らない部屋があってもよいものとして，3つの部屋 P，Q，R に入るような分け方は，3個から6個取る重複順列と考えられるから，

$3^6=729$（通り）

このうち，(1)のように，6人が2つの部屋に入る場合の数は，どの部屋に入るかで $_3C_2$ 通りあり，　$62\times_3C_2=186$（通り）

また，6 人が 1 つの部屋に入る場合の数は，どの部屋かにより，

$_3C_1=3$（通り）

よって，求める場合の数は，　729－186－3＝**540（通り）**

(3)　(2)の分け方において，P，Q，R の区別をなくすと，同じグループ分けが 3! 通りずつできる。

よって，求める場合の数は，　$\dfrac{540}{3!}=90$ **（通り）**

---

**7**

教科書 **p.59**

6 個の数字 1，2，3，4，5，6 を重複なく使ってできる 6 桁の整数を，小さい方から順に並べるとき，次の問いに答えよ。

(1)　初めて 500000 以上になるのは何番目か。

(2)　320 番目の整数を求めよ。

**ガイド**　(1)　十万の位が 5 の整数のうち最も小さいものは何番目の数かを答える。500000 未満の整数は何個あるか考える。

(2)　十万の位が 1 の整数のうち最も大きいものは，5! 番目の数になる。このように続けながら，320 番目になるまで調べていく。

**解答**　(1)　十万の位が 1 の整数は，残りの 5 つの数字
2，3，4，5，6 を，一万の位から一の位までの
5 桁に並べる順列の数に等しく，$_5P_5$ 個ある。

十万の位が 2，3，4 の整数も同様に $_5P_5$ 個
ずつあるから，500000 未満の整数の個数は，

$4\times{}_5P_5=4\times5!$（個）

よって，初めて 500000 以上になる整数は，

$4\times5!+1=4\times120+1=$**481（番目）**

(2)　十万の位が 1 の整数は，

$_5P_5=120$（個）

2 の整数も 120 個あるから，320 番目
の整数の十万の位の数字は 3 である。

$320=120\times2+80$

より，320 番目の整数は，
十万の位が 3 の整数の 80 番目の数に
なる。

一万の位が 1 の整数は，

500000 未満の整数

320

$_4P_4 = 24$（個）

2，4 の整数も 24 個あるから，80 番目の整数の一万の位の数字は 5 である。

$$80 = 24 \times 3 + 8$$

より，320 番目の整数は，十万の位が 3，一万の位が 5 の整数の 8 番目の数になる。

千の位が 1 の整数は，$_3P_3 = 6$（個）あるから，千の位の数字は 2 である。

$$8 = 6 \times 1 + 2$$

より，320 番目の整数は，十万の位が 3，一万の位が 5，千の位が 2 の整数の 2 番目の数で，　**352164**

---

**8**
教科書
**p.59**

4 桁の整数のうち，次のような数は何個あるか。

(1)　2589 のように，異なる数字が左から小さい順に並んでいる数

(2)　1122，2020 のように，同じ数字を 2 個ずつ含む数

**ガイド**　(1)　1 から 9 の数字から異なる 4 個を選んで，小さい順に並べればよい。

(2)　0 から 9 の数字から 2 個を 2 個ずつ選んで並べる場合の数から，千の位が 0 になる場合の数を除けばよい。

**解答**　(1)　1 から 9 の数字から異なる 4 個を選んで，小さい順に並べればよい。

異なる数字が左から小さい順に並んでいる数の個数は，1 から 9 の数字から異なる 4 個を選ぶ選び方の数に等しい。

よって，　$_9C_4 = $**126**（個）

(2)　0 から 9 までの数字から異なる 2 個を選ぶ選び方は $_{10}C_2$ 通りある。

そのそれぞれに対して，4 個の数字の並べ方は，$\dfrac{4!}{2!2!}$ 通りずつある。

したがって，0 から 9 の数字から 2 個を 2 個ずつ選んで並べる場合の数は，

$$_{10}C_2 \times \frac{4!}{2!2!} = 45 \times 6 = 270 \text{（通り）}$$

　　　　このうち，左端が $0$ になる場合を考えると，$0$ を除く数字の選
　　　び方が $_9C_1$ 通りあり，$0$ が左から $2$ 番目，$3$ 番目，$4$ 番目のどこに
　　　入るかで $_3C_1$ 通りあるから，

　　　　　$_9C_1 \times _3C_1 = 27$（通り）

　　　よって，求める個数は，　$270 - 27 = 243$（**個**）

**9**
教科書
**p.59**

A，B の $2$ チームが試合をする。$1$ 回の試合でAが勝つ確率は $\dfrac{2}{3}$，B

が勝つ確率は $\dfrac{1}{3}$ で，先に $3$ 勝したチームが優勝となるとき，次の確率

を求めよ。ただし，引き分けはないものとする。

(1)　$3$ 勝 $2$ 敗でAが優勝する確率　　(2)　Aが優勝する確率

**ガイド**　(1)　先に $3$ 勝すると優勝が決まるから，$3$ 勝 $2$ 敗でAが優勝するの
　　　　　は，$4$ 回目まではAが $2$ 勝 $2$ 敗し，$5$ 回目にAが勝つ場合に限られ
　　　　　る。
　　　　(2)　Aが優勝するのは，(1)の場合の他に，A が $3$ 勝 $0$ 敗，$3$ 勝 $1$ 敗
　　　　　する場合がある。

**解答**　(1)　Aが $3$ 勝 $2$ 敗で優勝するのは，$4$ 回目までにAが $2$ 勝 $2$ 敗し，$5$
　　　　　回目にAが勝つ場合である。
　　　　　　よって，求める確率は，

$$_4C_2\left(\frac{2}{3}\right)^2\left(\frac{1}{3}\right)^2 \times \frac{2}{3} = \frac{4 \cdot 3}{2 \cdot 1} \cdot \frac{2^3}{3^5} = \frac{16}{81}$$

　　　　(2)　Aが優勝するのは，(1)の場合の他に，$3$ 勝 $0$ 敗，$3$ 勝 $1$ 敗の場合
　　　　　があり，これらは排反事象である。
　　　　　　Aが $3$ 勝 $0$ 敗で優勝する確率は，

$$\left(\frac{2}{3}\right)^3 = \frac{8}{27}$$

　　　　　　Aが $3$ 勝 $1$ 敗で優勝するのは，$3$ 回目まではAが $2$ 勝 $1$ 敗し，$4$
　　　　　回目にAが勝つ場合であり，その確率は，

$$_3C_2\left(\frac{2}{3}\right)^2\left(\frac{1}{3}\right)^1 \times \frac{2}{3} = 3 \cdot \frac{2^3}{3^4} = \frac{8}{27}$$

　　　　　　よって，求めるAが優勝する確率は，

$$\frac{16}{81} + \frac{8}{27} + \frac{8}{27} = \frac{64}{81}$$

☑ **10** 教科書 **p.59**　赤玉2個，白玉2個が入っている袋から玉を1個取り出した。その玉の色を確認してからもとに戻し，さらに同じ色の玉を袋に1個入れた。その後，袋から1個取り出すと赤玉であったとき，最初に取り出した玉も赤玉であった確率を求めよ。

**ガイド**　2回目に取り出した玉が赤玉になるのは，「1回目に白玉，2回目に赤玉」または「1回目も2回目も赤玉」のときである。

**解答**　「2回目に赤玉を取り出す」という事象を $A$，「1回目に赤玉を取り出す」という事象を $B$ として，$P_A(B)$ を求める。

事象 $A$ が起こるのは，「1回目に白玉，2回目に赤玉」または「1回目も2回目も赤玉」のときであり，これらは互いに排反である。

1回目に白玉を取り出す確率は，$\dfrac{_2C_1}{_4C_1}$

この白玉を袋に戻し，さらに白玉1個を袋に入れる。

その後，赤玉2個，白玉3個が入っている袋から1個取り出す。

このとき，2回目に赤玉を取り出す確率は，$\dfrac{_2C_1}{_5C_1}$

また，1回目に赤玉を取り出す確率は，$\dfrac{_2C_1}{_4C_1}$

この赤玉を袋に戻し，さらに赤玉1個を袋に入れる。

このときは，赤玉3個，白玉2個が入っている袋から1個取り出す。

ここで，2回目に赤玉を取り出す確率は，$\dfrac{_3C_1}{_5C_1}$

したがって，事象 $A$ が起こる確率 $P(A)$ は，乗法定理より，

$$P(A)=\frac{_2C_1}{_4C_1}\times\frac{_2C_1}{_5C_1}+\frac{_2C_1}{_4C_1}\times\frac{_3C_1}{_5C_1}=\frac{2}{4}\cdot\frac{2}{5}+\frac{2}{4}\cdot\frac{3}{5}=\frac{1}{2}$$

次に，事象 $A\cap B$ は，「1回目も2回目も赤玉を取り出す」という事象であるから，上で求めたように，確率 $P(A\cap B)$ は，

$$P(A\cap B)=\frac{_2C_1}{_4C_1}\times\frac{_3C_1}{_5C_1}=\frac{2}{4}\cdot\frac{3}{5}=\frac{3}{10}$$

よって，求める「2回目に取り出した玉が赤玉であったとき，最初に取り出した玉も赤玉であった確率」$P_A(B)$ は，

$$P_A(B)=\frac{P(A\cap B)}{P(A)}=\frac{3}{10}\div\frac{1}{2}=\frac{3}{5}$$

□ **11**
教科書
**p.59**
似たような鍵が4個あり，そのうち1個だけがドアを開けることができる。これらの鍵の中から1個を選んで試すとき，ドアが開くまでの回数の期待値を求めよ。ただし，1度試した鍵を再び試すことはないものとする。

**ガイド** 開く鍵を1回目に選ぶ場合から4回目に選ぶ場合まで4つの場合がある。

**解答** 4個のうち1個だけがドアを開けることができて，他の3個では開けることができない。

開く鍵を1回目に選ぶ場合

確率は，　$\dfrac{{}_1C_1}{{}_4C_1}=\dfrac{1}{4}$

開く鍵を2回目に選ぶ場合

1回目には開かない鍵を選ぶ，その確率は，　$\dfrac{{}_3C_1}{{}_4C_1}$

2回目には，開く鍵1個を含む3個から開く鍵を選ぶから，

求める確率は，　$\dfrac{{}_3C_1}{{}_4C_1}\times\dfrac{{}_1C_1}{{}_3C_1}=\dfrac{3}{4}\cdot\dfrac{1}{3}=\dfrac{1}{4}$

開く鍵を3回目に選ぶ場合

1回目，2回目には開かない鍵を選ぶ，その確率は，　$\dfrac{{}_3C_1}{{}_4C_1}\times\dfrac{{}_2C_1}{{}_3C_1}$

3回目には，開く鍵1個を含む2個から開く鍵を選ぶから，

求める確率は，　$\dfrac{{}_3C_1}{{}_4C_1}\times\dfrac{{}_2C_1}{{}_3C_1}\times\dfrac{{}_1C_1}{{}_2C_1}=\dfrac{3}{4}\cdot\dfrac{2}{3}\cdot\dfrac{1}{2}=\dfrac{1}{4}$

開く鍵を4回目に選ぶ場合

3回目まで開かない鍵を選び，最後に残った開く鍵を選ぶから，

確率は，　$\dfrac{{}_3C_1}{{}_4C_1}\times\dfrac{{}_2C_1}{{}_3C_1}\times\dfrac{{}_1C_1}{{}_2C_1}\times{}_1C_1=\dfrac{3}{4}\cdot\dfrac{2}{3}\cdot\dfrac{1}{2}\cdot1=\dfrac{1}{4}$

よって，求めるドアが開くまでの回数の期待値$E$は，

$E=1\cdot\dfrac{1}{4}+2\cdot\dfrac{1}{4}+3\cdot\dfrac{1}{4}+4\cdot\dfrac{1}{4}$

$\phantom{E}=\dfrac{10}{4}=\dfrac{5}{2}$ **(回)**

| $X$ | 1 | 2 | 3 | 4 | 計 |
|---|---|---|---|---|---|
| $p$ | $\dfrac{1}{4}$ | $\dfrac{1}{4}$ | $\dfrac{1}{4}$ | $\dfrac{1}{4}$ | 1 |

# 第2章　図形の性質

## 第1節　三角形の性質

### 1　直線と角

教科書 **p.64**

**✓問 1**　教科書 p.63 の定理1の証明を参考にして，下の定理2を証明せよ。

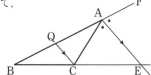

**ガイド**

**ここがポイント 📖 定理1　[内角の二等分線と辺の比]**

△ABC の辺 BC 上の点Dについて，

**線分 AD が ∠A の二等分線**

⟺　**AB：AC＝BD：DC**

**ここがポイント 📖 定理2　[外角の二等分線と辺の比]**

△ABC の辺 BC の延長上の点Eについて，

**線分 AE が ∠A の外角の二等分線**

⟺　**AB：AC＝BE：EC**

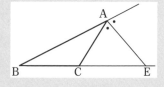

**解答**▶　線分 AE を ∠A の外角の二等分線
とする。

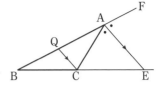

　線分 AB 上に，AE∥QC となるよ
うな点Qをとる。

　AE∥QC から，

　　∠CAE＝∠ACQ　（錯角）

　　∠FAE＝∠AQC　（同位角）

であり，∠CAE＝∠FAE（仮定）であるから，

　　∠ACQ＝∠AQC

　したがって，△ACQ は二等辺三角形であり，

　　AC＝AQ　……①

　また，AE∥QC であるから，BA：QA＝BE：CE

　よって，①より，　AB：AC＝BE：EC

　逆に，線分 BC の延長上に

　　AB：AC＝BE：EC

となるような点Eをとる。

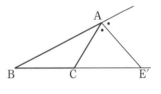

　∠A の外角の二等分線と辺 BC の
延長との交点を E′ とすると，上で示
したことから，

　　AB：AC＝BE′：E′C

　したがって，BE：EC＝BE′：E′C となり，2点 E，E′ は一致する。

　よって，線分 AE は ∠A の外角の二等分線である。

**▨問 2**　右の図の △ABC について，

教科書
**p.64**
∠A の二等分線と辺 BC の交点
を D，∠A の外角の二等分線と
辺 BC の延長との交点を E とす
る。線分 BD, CE および DE の
長さを求めよ。

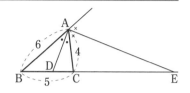

**ガイド**　定理1を利用して，BD：DC＝AB：AC より，BD, DC を求める。
また，定理2を利用して，BE：EC＝AB：AC より，CE を求める。

**解答**　定理1より，　　BD：DC＝AB：AC＝6：4＝3：2

よって，　　**BD**$=5\times\dfrac{3}{5}=$**3**　　DC$=5\times\dfrac{2}{5}=2$

定理2より，　　BE：EC＝AB：AC＝3：2
したがって，　　(5＋EC)：EC＝3：2
　　　　　　　　2(5＋EC)＝3EC　　**CE＝10**
よって，　　**DE**＝DC＋CE＝2＋10＝**12**

---

**▨問 3**　△ABC において，∠A の二等分線と

教科書
**p.64**
辺 BC の交点を D とする。また，辺 AB
上の点 P を通り，線分 AD に平行な直線
と辺 BC の交点を Q とする。
　AP＝3，BP＝2，AC＝4，CD＝2 の
とき，線分 BQ の長さを求めよ。

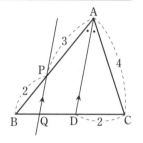

**ガイド**　まず，定理1を利用して，BD を求める。次に，平行線と線分の比
の関係を利用して，BQ を求める。

**解答**　線分 AD は ∠A の二等分線であるから，
　　　　　　　AB：AC＝BD：DC
よって，(3＋2)：4＝BD：2 より，　BD$=\dfrac{5}{2}$

PQ∥AD より，　BP：BA＝BQ：BD
よって，2：(2＋3)＝BQ：$\dfrac{5}{2}$ より，　BQ＝1

第2章　図形の性質

# 2 　三角形の重心・外心・内心

**問 4**
教科書
**p.65**
△ABC の面積が 24 であるとする。この
三角形の重心を G とするとき，△GBC の
面積を求めよ。

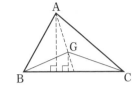

**ガイド**　三角形において，頂点に向かい合う辺をその頂点の**対辺**という。
三角形の頂点とその対辺の中点を結ぶ線分を**中線**という。

> **ここがポイント** 👉 定理3　[中線の交点]
> 　三角形の 3 本の中線は 1 点で交わり，各中線はその交点でそ
> れぞれ 2：1 に内分される。

三角形の 3 本の中線の交点 G を，三角形の**重心**という。
右の図で，垂線 AH と GH′ の比を求める。

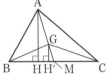

**解答**　△ABC において，AG の延長と BC との交点
を M，点 A，G から辺 BC に下ろした垂線をそれ
ぞれ AH，GH′ とすると，　　AH∥GH′
　点Gは△ABC の重心で，　　AG：GM＝2：1
平行線の性質より，　AH：GH′＝AM：GM＝3：1
　△ABC と △GBC は，底辺 BC が共通であるから，面積の比は高さ
の比に等しい。

　よって，△GBC の面積は，　　$△ABC × \dfrac{1}{3} = 24 × \dfrac{1}{3} = 8$

**問 5**
教科書
**p.66**
△ABC の外心Oに対して，∠AOB＝80°，
∠ACO＝20° のとき，∠BOC の大きさを
求めよ。

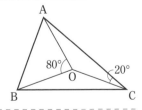

**ガイド**

> **ここがポイント** 👉 定理4　[垂直二等分線の交点]
> 　三角形の 3 辺の垂直二等分線は 1 点で交わる。

右の図で，点Oは△ABCの3辺AB, BC, CA
の垂直二等分線の交点である。OA＝OB＝OC
であるから，3点A, B, Cは点Oを中心とする
同一円周上にある。この円を△ABCの**外接円**と
いい，その中心Oを△ABCの**外心**という。外心
は，3辺の垂直二等分線の交点である。

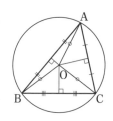

Oは外心であるから，OA＝OB＝OC である。二等辺三角形の2つ
の底角は等しいことに注目する。

**解答▶** OA＝OC より，△OCAは二等辺三角形となり，

$\qquad$ ∠OAC＝∠OCA＝20°

$\qquad$ ∠COA＝180°－20°×2＝140°

$\qquad$ よって，∠BOC＝360°－(∠AOB＋∠COA)

$\qquad\qquad$ ＝360°－(80°＋140°)＝**140°**

**プラスワン▌** 中学校では，円周角の定理(及び，その逆)について学んだ。

[円周角の定理]

(1) 1つの弧に対する円周角の大きさは，その
  弧に対する中心角の大きさの半分である。

(2) 同じ弧に対する円周角の大きさは等しい。

数学Aでは，この定理を含め，「円の性質」に
ついて，さらに深く学習する。⇨教科書p.74
～84，本書p.81～93

**別解▶1** OA＝OB＝OC より，△OAB, △OCAは二等辺三角形となり，

$\qquad$ ∠OAB＝(180°－80°)÷2＝50°

$\qquad$ ∠OAC＝∠OCA＝20°

$\qquad$ よって，∠BAC＝50°＋20°＝70°

$\qquad$ 外接円Oで，円周角の定理より，

$\qquad$ ∠BOC＝2∠BAC＝70°×2＝**140°**

**別解▶2** 外接円Oで，円周角の定理より，

$\qquad$ ∠ACB＝$\frac{1}{2}$∠AOB＝80°×$\frac{1}{2}$＝40°

$\qquad$ よって，∠BCO＝40°－20°＝20°

$\qquad$ OB＝OC より，△OBCは二等辺三角形となり，

$\qquad$ ∠BOC＝180°－2∠BCO

$\qquad\qquad$ ＝180°－20°×2＝**140°**

**問** 6　△ABC の内心を I とする。∠BIC＝140° のとき，∠A の大きさを求

教科書 **p.67**　めよ。

**ガイド**

**ここがポイント** 👉 **定理5　[内角の二等分線の交点]**
　　**三角形の3つの内角の二等分線は1点で交わる。**

　右の図で，点 I は △ABC の ∠A，∠B，
∠C の二等分線の交点であり，点 I から辺
BC，CA，AB に下ろした垂線を，それぞ
れ ID，IE，IF とする。ID＝IE＝IF であ
るから，3点 D，E，F は点 I を中心とする
同一円周上にある。この円は点 D，E，F
において各辺に接している。この円を
△ABC の **内接円** といい，その中心 I を △ABC の **内心** という。内心
は，3つの内角の二等分線の交点である。

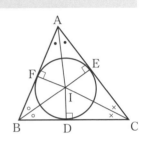

**解答**　△IBC において，
　　　　∠IBC＋∠ICB＝180°－140°＝40°
　　　I は △ABC の内心であるから，
　　　　∠ABC＋∠ACB
　　　＝2∠IBC＋2∠ICB
　　　＝2(∠IBC＋∠ICB)＝2×40°＝80°
　　　よって，△ABC において，
　　　　∠A＝180°－(∠ABC＋∠ACB)＝180°－80°＝**100°**

**プラスワン**　三角形には，重心，外心，内心のほかに，**垂心**，**傍心** と呼ば
　れる点がある。(教科書 p.134～135)。まとめて，**三角形の五心** という。

# 3　チェバの定理とメネラウスの定理

**問** 7　△ABC の内部にある点 X と 3 頂点 A，B，C と

教科書 **p.69**　を結んだ直線が，3辺と右の図のように点 P，Q，
　R で交わるとき，CQ：QA を求めよ。

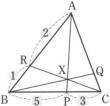

**ガイド**

**ここがポイント** 👉 **定理6 [チェバの定理]**

△ABC の3辺 BC, CA, AB 上に,
それぞれ点 P, Q, R をとる。
3直線 AP, BQ, CR が三角形の内部
の1点で交わるならば,

$$\frac{BP}{PC}\cdot\frac{CQ}{QA}\cdot\frac{AR}{RB}=1$$

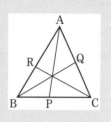

右のように, 文字が連続して現れ
る特徴に着目すれば覚えやすい。

$$\boxed{\frac{B\,P}{P\,C}}\cdot\boxed{\frac{C\,Q}{Q\,A}}\cdot\boxed{\frac{A\,R}{R\,B}}=1$$

**解答** △ABC において, チェバの定理により,

$$\frac{5}{3}\cdot\frac{CQ}{QA}\cdot\frac{2}{1}=1 \quad \text{すなわち,} \quad \frac{CQ}{QA}=\frac{3}{10}$$

より, CQ：QA = 3：10

> 頂点 → 分点,
> 分点 → 頂点
> の順に三角形
> の周を1回り。

⚠**注意** チェバの定理は, その逆も成り立つ。

[定理] △ABC の3辺 BC, CA, AB 上に,

それぞれ点 P, Q, R があるとき, $\dfrac{BP}{PC}\cdot\dfrac{CQ}{QA}\cdot\dfrac{AR}{RB}=1$

ならば, 3直線 AP, BQ, CR は1点で交わる。

---

**▱問 8**

教科書
**p.70**

直線 $\ell$ が △ABC の3辺またはその延長
と, 右の図のように点 P, Q, R で交わると
き, AQ：QB を求めよ。

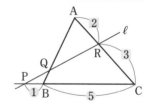

- - - - - - - - - - - - - - - - - - - - - - - - - - - - - - - - - - - -

**ガイド**

**ここがポイント** 👉 **定理7 [メネラウスの定理]**

△ABC の3辺 BC, CA, AB ま
たはその延長が, 三角形の頂点を通
らない直線 $\ell$ とそれぞれ点 P, Q,
R で交わるならば,

$$\frac{BP}{PC}\cdot\frac{CQ}{QA}\cdot\frac{AR}{RB}=1$$

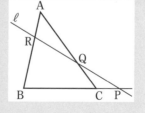

メネラウスの定理を用いるときは，着目する三角形と直線を明示して解答する。

図の PB：BC＝1：5 は，頂点 → 分点，分点 → 頂点の順に線分の比を考えるから，BP：PC＝1：(1+5)＝1：6 として使う。

**解答▶** △ABC と直線 $\ell$ において，

メネラウスの定理により，　$\dfrac{1}{6}\cdot\dfrac{3}{2}\cdot\dfrac{AQ}{QB}=1$

すなわち，$\dfrac{AQ}{QB}=4$ より，　AQ：QB＝4：1

**⚠注意1**　メネラウスの定理は，その逆も成り立つ。

[定理]　△ABC の3辺 BC，CA，AB またはその延長上に，それぞれ点 P，Q，R があり，この3点のうち，辺の延長上にある点の個数が1個または3個のとき，$\dfrac{BP}{PC}\cdot\dfrac{CQ}{QA}\cdot\dfrac{AR}{RB}=1$

ならば，3点 P，Q，R は一直線上にある。

**⚠注意2**　メネラウスの定理は，右の図のように，直線 $\ell$ がすべての辺の延長と交わる場合でも成り立つ。「逆」についても同様で，辺の延長上にある点の個数が3個のときも成り立つ。

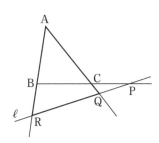

**▮問 9**

教科書 **p.70**

△ABC の内部にある点 X と3頂点 A，B，C とを結んだ直線が，3辺と右の図のように点 P，Q，R で交わるとき，次の比を求めよ。

(1)　AR：RB　　(2)　AQ：QC

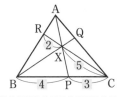

**ガイド**　(1)　内分する比が与えられている線分 BC，CR を2辺とする三角形で，A を BR の延長上の点とみる。メネラウスの定理を用いる。

(2)　(1)で求めた AR：RB の比を利用する。

**解答▶** (1)　△BCR と直線 PX において，メネラウスの定理により，

$$\frac{BP}{PC}\cdot\frac{CX}{XR}\cdot\frac{RA}{AB}=\frac{4}{3}\cdot\frac{5}{2}\cdot\frac{RA}{AB}=1$$

すなわち，$\dfrac{RA}{AB}=\dfrac{3}{10}$ より，　RA：AB＝3：10

よって，　AR：RB=**3**：**7**

(2)　△ABC において，チェバの定理により，

$$\frac{4}{3}\cdot\frac{CQ}{QA}\cdot\frac{3}{7}=1 \quad すなわち，\quad \frac{CQ}{QA}=\frac{7}{4} \quad より，$$

AQ：QC=**4**：**7**

別解 ▶ (2)　△ACR と直線 BQ において，メネラウスの定理により，

$$\frac{AQ}{QC}\cdot\frac{CX}{XR}\cdot\frac{RB}{BA}=\frac{AQ}{QC}\cdot\frac{5}{2}\cdot\frac{7}{10}=1$$

すなわち，$\dfrac{AQ}{QC}=\dfrac{4}{7}$ より，　AQ：QC=**4**：**7**

# 4 　三角形の成立条件

◢問 10　直角三角形では，斜辺が最大の辺であることを示せ。

教科書
**p.71**
- - - - - - - - - - - - - - - - - - - - - - - - - - - - - - - - - - - - - - - - - -

ガイド

**ここがポイント** ☞ 定理8 ［辺の大小と対角の大小］

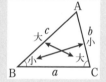

△ABC において，次のことが成り
立つ。

$$b<c \iff \angle B<\angle C$$

　上のポイントは，辺の大小とその対角の大小が一致することを表し
ている。本問の場合は，直角が最大の角であることを示せばよい。

解答 ▶　△ABC において，∠C=90° であるとする。
　このとき，∠A+∠B+∠C=180° より，
　　　　　∠A+∠B=180°−∠C
　すなわち，　∠A+∠B=90°
　したがって，∠A=90°−∠B であり，
　∠B>0° であるから，　∠A<90°
　同様にして，　　　　∠B<90°
　∠A，∠B はともに ∠C より小さいから，それらの対辺の長さは
∠C の対辺，すなわち斜辺の長さより小さい。
　よって，直角三角形では，斜辺が最大の辺である。

**問11** 三角形の 3 辺の長さが 12, $b$, 18 であるとき，$b$ の値の範囲を求めよ。

教科書
**p.72**

**ガイド**

**ここがポイント** 定理 9　[三角形の辺の長さの関係]
　三角形の 2 辺の長さの和は，残りの 1 辺の長さより大きい。

定理 9 が表す 3 つの不等式 $b+c>a$, $c+a>b$, $a+b>c$ を，$a$ に着目してまとめて表すと，$|b-c|<a<b+c$ となる。
「三角形の成立条件」は，次のようにまとめることができる。

**ここがポイント**
　$a$, $b$, $c$ が三角形の 3 辺の長さである
　$\iff |b-c|<a<b+c$

**解答** $|12-18|<b<12+18$ より，　$6<b<30$

**問12** 三角形の 3 辺の長さが $x$, $x+2$, $x+4$ であるとき，$x$ の値の範囲を求めよ。

教科書
**p.72**

**ガイド** 前問と同様に，三角形の成立条件の不等式にあてはめる。

**解答** $|x-(x+4)|<x+2<x+(x+4)$ より，　$4<x+2<2x+4$
すなわち，$\begin{cases} 4<x+2 & \cdots\cdots① \\ x+2<2x+4 & \cdots\cdots② \end{cases}$
①より，　$x>2$　$\cdots\cdots③$　　　②より，　$x>-2$　$\cdots\cdots④$
③，④をともに満たす $x$ の値の範囲は，　$x>2$

**注意** 上の**解答**では，$|b-c|<a<b+c$ の $a$ にあたるものとして，$x+2$ を選んだが，$x$ や $x+4$ を選んでも同じ結果が得られる。

**プラスワン** 3 つの正の数 $a$, $b$, $c$ が三角形の 3 辺の長さで，たとえば $a$ が最大であれば，常に $c+a>b$, $a+b>c$ は成り立つので，三角形の成立条件は，$b+c>a$ でよい。

**別解** 最小の辺は $x$ であり，これは正であるから，　$x>0$　$\cdots\cdots①$
また，最大の辺は $x+4$ であるから，　$x+(x+2)>x+4$
これを解いて，　$x>2$　$\cdots\cdots②$
①，②より，　$x>2$

## 節末問題 ｜ 第 1 節　三角形の性質

☑ **1**

教科書
**p.73**

△ABC の辺 BC の中点を M とし，∠AMB，∠AMC の二等分線が辺 AB，AC と交わる点を，それぞれ D，E とする。このとき，DE∥BC であることを示せ。

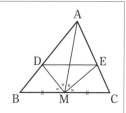

**ガイド** DE∥BC を示すために，AD：DB＝AE：EC を導く。

**解答** DM が ∠AMB の二等分線であるから，

AM：BM＝AD：DB　……①

EM が ∠AMC の二等分線であるから，

AM：CM＝AE：EC　……②

点Mは辺 BC の中点であるから，

BM＝CM　……③

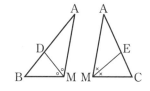

したがって，①，②，③より，　AD：DB＝AE：EC

よって，平行線と線分の比により，DE∥BC である。

☑ **2**

教科書
**p.73**

右の図の △ABC において，∠A の二等分線と対辺 BC の交点を D，∠B の二等分線と線分 AD の交点を I とするとき，次の問いに答えよ。

(1) AI：ID を求めよ。

(2) △ABC：△BDI を求めよ。

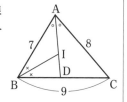

**ガイド** (1) 内角の二等分線と辺の比の性質（定理 1 ）を 2 回適用する。

(2) 高さが共通な三角形の面積の比は，底辺の比に等しい。

**解答** (1) BD：DC＝AB：AC＝7：8 より，$BD = 9 \times \dfrac{7}{15} = \dfrac{21}{5}$

よって，　$AI : ID = BA : BD = 7 : \dfrac{21}{5} = \mathbf{5 : 3}$

(2) $\dfrac{\triangle ABC}{\triangle ABD} = \dfrac{BC}{BD} = 9 \div \dfrac{21}{5} = \dfrac{15}{7}$　……①

$\dfrac{\triangle ABD}{\triangle BDI} = \dfrac{AD}{ID} = \dfrac{5+3}{3} = \dfrac{8}{3}$　……②

①，②より，　$\dfrac{\triangle ABC}{\triangle BDI} = \dfrac{\triangle ABC}{\triangle ABD} \times \dfrac{\triangle ABD}{\triangle BDI} = \dfrac{15}{7} \times \dfrac{8}{3} = \dfrac{40}{7}$

よって，　$\triangle ABC : \triangle BDI = \mathbf{40 : 7}$

---

**3**

教科書
**p.73**

次の三角形について，外心が三角形の内部，辺上，外部のうちどこにあるかを調べよ。

(1)　鋭角三角形　　　(2)　直角三角形　　　(3)　鈍角三角形

**ガイド**　外心は，3辺の垂直二等分線の交点である。

(1)
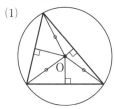

(2)
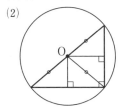

(3)
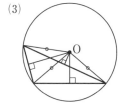

**解答**　(1)　**三角形の内部**　　(2)　**三角形の辺上**　　(3)　**三角形の外部**

**プラスワン**　$\triangle ABC$ の外心をOとし，外接円Oにおいて，円周角の定理を用いて，外心Oと $\triangle ABC$ の3辺との位置関係を調べる。

(1)　鋭角三角形のとき，　$0° < \angle A < 90°$

円周角の定理により，$\angle BOC = 2\angle A$

したがって，$0° < \angle BOC < 180°$ であり，外心Oは，辺BCに関して，頂点Aと同じ側にある。

$0° < \angle B < 90°$, $0° < \angle C < 90°$ より，外心Oと辺CA，ABの位置関係についても同様であり，外心は三角形の**内部**にある。

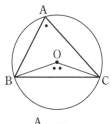

(2)　直角三角形のとき，$\angle A = 90°$ とすると，辺BCは外接円Oの直径である。

すなわち，外心は三角形の**辺上**にある。

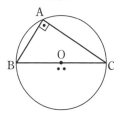

(3)　鈍角三角形のとき，$90° < \angle A < 180°$ とすると，$180° < \angle BOC < 360°$ であり，外心Oは，辺BCに関して，頂点Aとは反対側にある。

外心は三角形の**外部**にある。

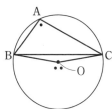

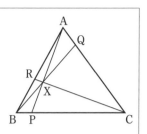

**4**
教科書
**p.73**

右の図のように，線分 AP，BQ，CR が1
点Xで交わっていて，AR：RB＝3：2，
AX：XP＝7：4 とするとき，次の比を求
めよ。

(1) BP：PC

(2) △XBC：△XAB

**ガイド** (1) △ABP と直線 RC にメネラウスの定理を用いる。

　　　(2) △XBC：△XAB＝CQ：QA が成り立つことを利用する。

**解答▶** (1) △ABP と直線 RC において，メネラウスの定理により，

$$\frac{BC}{CP} \cdot \frac{PX}{XA} \cdot \frac{AR}{RB} = \frac{BC}{CP} \cdot \frac{4}{7} \cdot \frac{3}{2} = 1$$

すなわち，$\dfrac{BC}{CP} = \dfrac{7}{6}$ より，　BC：CP＝7：6

よって，　BP：PC＝(7−6)：6＝**1：6**

(2) △ABC において，チェバの定理により，

$$\frac{BP}{PC} \cdot \frac{CQ}{QA} \cdot \frac{AR}{RB} = \frac{1}{6} \cdot \frac{CQ}{QA} \cdot \frac{3}{2} = 1$$

すなわち，$\dfrac{CQ}{QA} = 4$ より，　CQ：QA＝4：1

よって，　△XBC：△XAB＝CQ：QA＝**4：1**

**⚠注意** (2) △XBC：△XAB＝CQ：QA については，教科書 p.68 を参照。

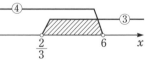

**5**
教科書
**p.73**

三角形の3辺の長さが$3x$，$x+4$，$x+2$ であるとき，$x$ の値の範囲を
求めよ。

**ガイド** $a$，$b$，$c$ が三角形の3辺の長さである。⟺ $|b-c| < a < b+c$

**解答▶** $|(x+4)-(x+2)| < 3x < (x+4)+(x+2)$ より，　$2 < 3x < 2x+6$

すなわち，$\begin{cases} 2 < 3x & \cdots\cdots① \\ 3x < 2x+6 & \cdots\cdots② \end{cases}$

①より，　$\dfrac{2}{3} < x$　$\cdots\cdots③$　　②より，　$x < 6$　$\cdots\cdots④$

③，④をともに満たす $x$ の値の範囲は，

$$\frac{2}{3} < x < 6$$

# 第2節　円の性質

## 1 円周角の定理とその逆

教科書
**p.74**

**問 13** 次の図において，角の大きさ $\alpha$, $\beta$ を求めよ。ただし，(2)で点Oは円の中心である。

(1)

(2)

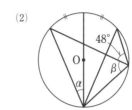

**ガイド**

**ここがポイント 📖 定理10　[円周角の定理]**

(1) 1つの弧に対する円周角の大きさは，その弧に対する中心角の大きさの半分である。

(2) 同じ弧に対する円周角の大きさは等しい。

(1) $\alpha$ は，$\alpha$ と同じ弧に対する円周角の大きさに等しい。

(2) 1つの円において，長さが等しい弧に対する円周角は等しい。

**解答▶** (1) 右の図のように点を決める。

$\overset{\frown}{\text{AB}}$ に対する円周角より，　$\alpha=33°$

△ACD において，内角と外角の性質より，　$\beta=\alpha+55°=33°+55°=\mathbf{88°}$

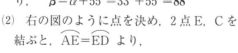

(2) 右の図のように点を決め，2点 E，C を結ぶと，$\overset{\frown}{\text{AE}}=\overset{\frown}{\text{ED}}$ より，

$\angle\text{ACE}=\angle\text{ECD}=48°÷2=24°$

$\overset{\frown}{\text{AE}}$ に対する円周角より，　$\alpha=\mathbf{24°}$

半円の弧に対する円周角は 90° であるから，　$\angle\text{BCE}=90°$

よって，　$\beta=90°-24°=\mathbf{66°}$

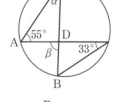

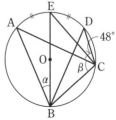

**問 14**

教科書 p.74

右の図において，4点 A，B，C，D が同一円周上にあることを示せ。

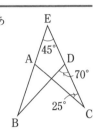

**ガイド**

**ここがポイント** 👉 **定理11 [円周角の定理の逆]**

2点 P，Q が直線 AB に関して同じ側にあるとき，∠APB＝∠AQB ならば，4点 A，B，P，Q は同一円周上にある。

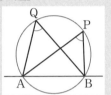

∠BAC＝∠BDC，つまり，∠BAC＝70° となることを示せば，円周角の定理の逆が使える。

**解答** ∠BAC は，△ACE の ∠A の外角であるから，

∠BAC＝45°＋25°＝70°

よって，∠BAC＝∠BDC

2点 A，D は直線 BC に関して同じ側にあるから，4点 A，B，C，D は同一円周上にある。

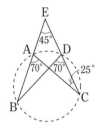

# 2 円に内接・外接する四角形

**問 15**

教科書 p.76

次の図において，角の大きさ α を求めよ。

(1)

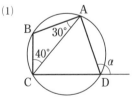

(2)

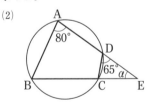

**ガイド** 四角形の4つの頂点のすべてを通る円があるとき，この四角形は円に**内接する**という。

円周角の定理およびその逆から，次のことが成り立つ。

　**四角形 ABCD が円に内接する ⟺ ∠ACB＝∠ADB**

> **ここがポイント** 🖙　**定理12　[円に内接する四角形と内角]**
> (1)　四角形が円に内接するとき，向かい合う内角の和は180°
> である。
> (2)　四角形の1組の向かい合う内角の和が180°のとき，この
> 四角形は円に内接する。

> **ここがポイント** 🖙
> 四角形が円に内接する
> ⟺　四角形の1つの内角と，それに
> 向かい合う角の外角が等しい

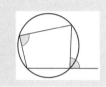

**解答** ▶　(1)　円に内接する四角形の内角は，それに向かい合う角の外角に等
　　　しいから，∠ABC＝α である。
　　　　　△ABC の内角の和は180°であるから，
　　　　　　∠ABC＝180°－(40°＋30°)＝110°
　　　　　よって，　α＝∠ABC＝**110°**
　　　(2)　円に内接する四角形の1つの内角と，それに向かい合う角の外
　　　角が等しいから，∠DCE＝∠BAD＝80° である。
　　　　　△DCE の内角の和は180°であるから，
　　　　　α＝180°－(80°＋65°)＝**35°**

---

**◢問 16**　鋭角三角形 ABC の頂点Aから辺 BC に垂線
**教科書**
**p.76**　AH を下ろし，線分 AH 上の点Dから辺 AB，
　AC にそれぞれ垂線 DP，DQ を下ろす。このと
　き，4点 P，B，C，Q は同一円周上にあること
　を示せ。

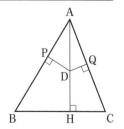

- - - - - - - - - - - - - - - - - - - - - - - - - - - - - - - - - - - - - -

**ガイド**　四角形 PBCQ の1つの内角と，それに向かい合う角の外角が等し
いことを示す。ここでは，∠APQ＝∠BCQ を導く。

**解答** ▶　∠APD＝∠AQD＝90° であるから，四角形 APDQ は円に内接する。

よって，円周角の定理により，

$$\angle DPQ = \angle DAQ$$

すなわち，　$\angle DPQ = \angle CAH$　　……①

ここで，　　$\angle APQ + \angle DPQ = 90°$　……②

また，△ACH の内角の和を考えて，

$$\angle ACH + \angle CAH = 90°$$　……③

①，②，③より，　　$\angle APQ = \angle ACH$

すなわち，　　　　$\angle APQ = \angle BCQ$

したがって，四角形 PBCQ は円に内接する。

よって，4点 P，B，C，Q は同一円周上にある。

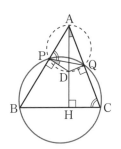

---

**問 17** 右の図のように，円Oは △ABC に内接して

教科書 **p.77**
いて，辺 AB と円Oの接点をPとする。

AP=4，BC=9，AC=7 のとき，辺 AB の

長さを求めよ。

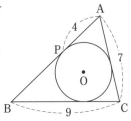

- - - - - - - - - - - - - - - - - - - - - - - - - - - - - - -

**ガイド** 円Oの外部の点Pから，この円に点 A，B

で接する2本の接線を引くと，

$$PA = PB$$

が成り立つ。この長さを，点Pから円Oに引

いた**接線の長さ**という。

△ABC の各辺が円の接線であることに着目する。

**解答** 辺 AC，BC と円Oとの接点をそれぞれ Q，R

とすると，

$$AQ = AP = 4$$

$$CR = CQ = 7 - 4 = 3$$

$$BP = BR = 9 - 3 = 6$$

よって，　　$AB = 4 + 6 = \mathbf{10}$

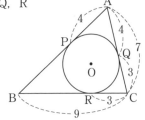

第
2
章

図形の性質

**問 18**

教科書
**p.77**

四角形 ABCD が円に外接するとき，次の等式が
成り立つことを示せ。

$$AB+CD=BC+DA$$

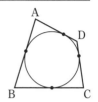

**ガイド**　四角形の4つの辺すべてに接する円があるとき，この四角形は円に
**外接する**という。

四角形 ABCD の4つの辺が円の接線であることに着目する。

**解答**　辺 AB，BC，CD，DA と円との接点をそれぞれ
P，Q，R，S とする。

AP=AS，BP=BQ，CR=CQ，DR=DS より，

$$
\begin{aligned}
AB+CD&=(AP+BP)+(CR+DR)\\
&=AS+BQ+CQ+DS\\
&=(BQ+CQ)+(DS+AS)=BC+DA
\end{aligned}
$$

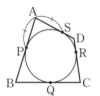

# 3 接線と弦のなす角

**問 19**

教科書
**p.78**

次の定理13において，∠BAT が「直角の場合」と「鈍角の場合」をそ
れぞれ証明せよ。

**ガイド**

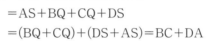

**ここがポイント** 👉 **定理13 〔接線と弦のなす角〕**

円Oにおいて，弦 AB と点Aにおける接
線 $\ell$ とのなす角 ∠BAT は，その角の内部
にある弧 $\overset{\frown}{AB}$ に対する円周角 ∠APB に等
しい。

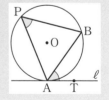

**解答**　**∠BAT が直角の場合**

AB は直径であり，∠APB は半円の弧に
対する円周角であるから，　　∠APB=90°

よって，　　∠BAT=∠APB

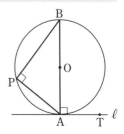

### ∠BAT が鈍角の場合

直径 AC を引くと,

∠CAT＝∠APC＝90°　……①

∠BAT＝∠BAC＋∠CAT　……②

∠APB＝∠BPC＋∠APC　……③

$\overparen{BC}$ に対する円周角であるから,

　∠BAC＝∠BPC　……④

①, ②, ③, ④ より,　∠BAT＝∠APB

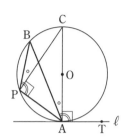

---

**■問 20**　次の図のように円と直線が接しているとき, 角の大きさ α, β を求めよ。

教科書
**p.78**

(1) 　　(2) 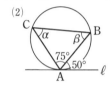　　(3)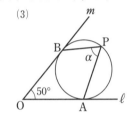

- - - - - - - - - - - - - - - - - - - - - - - - - - - - - - - - - - - - - - - - -

**ガイド**　「接線と弦のなす角」の定理を利用する。(3)は点 A, B を結ぶ。

**解答**　(1)　接線と弦のなす角の定理により,　**α＝55°, β＝30°**

　(2)　接線と弦のなす角の定理により,　**α＝50°**

　　　接線 ℓ と弦 AC のなす角により,　**β＝180°−(75°＋50°)＝55°**

　(3)　点 A, B を結ぶ。

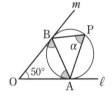

　　　接線と弦のなす角の定理により,

　　　　　∠OAB＝α

　　　OA＝OB より,　∠OAB＝∠OBA で

　　　あるから,　∠OAB＝(180°−50°)÷2＝65°

　　　　　よって,　**α＝65°**

# 4　方べきの定理

**問 21**　次の図において，線分の長さ $x$ を求めよ。

教科書 **p.80**

(1)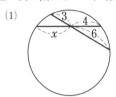

(2)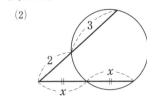

**ガイド**

**ここがポイント　定理 14　[方べきの定理 I]**

点 P を通る 2 直線が，円とそれぞれ 2 点 A，B と 2 点 C，D で交わっているとき，

$$PA \cdot PB = PC \cdot PD$$

が成り立つ。

**解答**

(1)　方べきの定理により，　$4 \times x = 3 \times 6$　　よって，　$x = \dfrac{9}{2}$

(2)　方べきの定理により，　$2 \times (2+3) = x \times 2x$，　$x^2 = 5$

　　$x > 0$ より，　$x = \sqrt{5}$

**問 22**　右の図において，△APT と △TPB の関係を考えることにより，下の定理 15 を証明せよ。

教科書 **p.80**

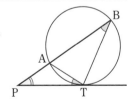

**ガイド**

**ここがポイント　定理 15　[方べきの定理 II]**

円外の点 P を通る 2 直線の一方が円と 2 点 A，B で交わり，もう一方が点 T で接しているとき，

$$PT^2 = PA \cdot PB$$

が成り立つ。

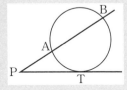

**解答** △APT と △TPB において，

共通な角であることから，　　∠APT＝∠TPB

接線と弦のなす角の定理により，　　∠ATP＝∠TBP

以上より，　　△APT∽△TPB

したがって，　　PA：PT＝PT：PB

よって，　　$PT^2＝PA・PB$

**問 23** 次の図において，線分の長さ $x$，$y$，$r$ を求めよ。ただし，点Oは円の
中心，点Tは接点とする。

教科書 **p.81**

(1)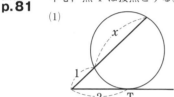

(2)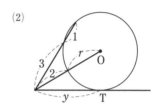

- - - - - - - - - - - - - - - - - - - - - - - - - - - - - - - -

**ガイド** 方べきの定理を用いる。

**解答** (1) 方べきの定理により，　　$2^2＝1×(1+x)$　　　よって，　　$x=3$

(2) 方べきの定理により，　　$y^2＝3×(3+1)$　　$y^2＝12$

$y>0$ より，　　$y=2\sqrt{3}$

方べきの定理により，　　$3×(3+1)＝2×(2+2r)$　　$2r+2＝6$

よって，　　$r=2$

**注意** 方べきの定理は，逆も成り立つ。

[定理]　2つの線分 AB と CD，または，それらの延長どうしが点
P で交わっているとき，$PA・PB＝PC・PD$ ならば，4点 A，B，
C，D は同一円周上にある。

[定理]　円外の点Pを通る直線がこの円と2点 A，B で交わってい
るとき，この円上の点 T が，$PT^2＝PA・PB$ を満たすならば，直
線 PT はこの円の接線である。

# 5　2つの円の位置関係

**問 24** 2つの円 O，O′ は中心間の距離が10のとき外接し，6のとき内接する
という。2つの円の半径を求めよ。ただし，半径は円Oの方が円O′よ
り大きいものとする。

教科書 **p.82**

- - - - - - - - - - - - - - - - - - - - - - - - - - - - - - - -

**ガイド**　点Pを中心とする半径 $r$ の円と，点Qを中心とする半径 $r'$ の円において，中心間の距離 PQ を $d$ とする。$r>r'$ のとき，この2つの円の位置関係について，次の5つの場合が考えられる。

| | | |
|---|---|---|
| (ア) 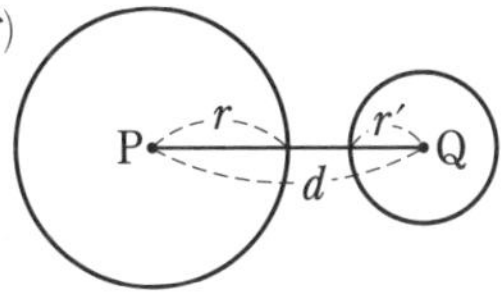 | $d>r+r'$ | 共有点0個<br>（離れている） |
| (イ) 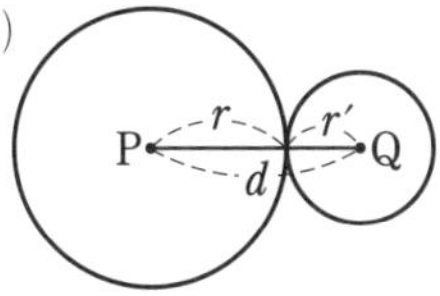 | $d=r+r'$ | 共有点1個 |
| (ウ) 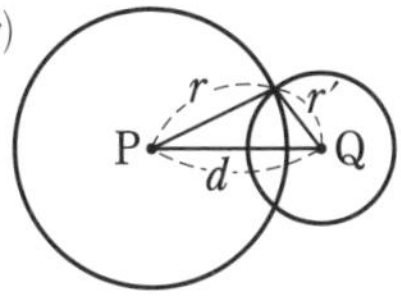 | $r-r'<d<r+r'$ | 共有点2個<br>（2点で交わる） |
| (エ) 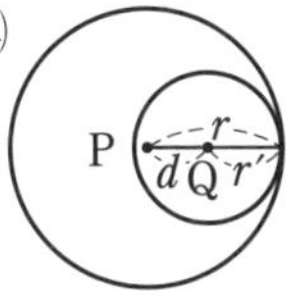 | $d=r-r'$ | 共有点1個 |
| (オ) 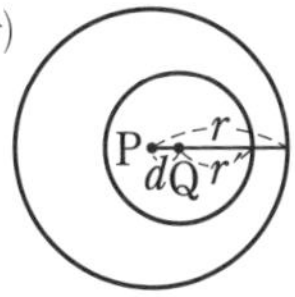 | $d<r-r'$ | 共有点0個<br>（内部にある） |

　(イ)，(エ)のように，2つの円がただ1つの共有点をもつとき，**接する**といい，その共有点を**接点**という。とくに，(イ)のような場合を**外接する**といい，(エ)のような場合を**内接する**という。

　円 O，O' の半径は，表の(イ)と(エ)の条件を満たす。

**解答**　円 O，O' の半径を，それぞれ $r$，$r'$ $(r>r')$ とすると，

　　　$r+r'=10$　……①，　　$r-r'=6$　……②

　①+②より，　$2r=16$，　$r=8$，　　したがって，　$r'=2$

　よって，**円Oの半径は8，円O'の半径は2**

**問 25**

教科書
**p.83**
半径2の円Oと半径5の円O′が外接している。右の図のように、直線が2点A, Bで2つの円と接しているとき、線分ABの長さを求めよ。

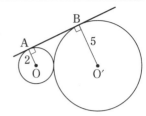

- - - - - - - - - - - - - - - - - - - - - - - - - - - - - - - - - - - - - - - - - - - -

**ガイド**　2つの円の両方に接している直線を**共通接線**という。

引くことのできる共通接線の本数は、2つの円の位置関係により、次のように変わる。

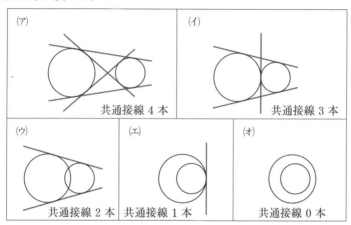

直角三角形を作り、三平方の定理を用いる。

**解答**　中心Oから半径BO′に下ろした垂線を
OHとすると、四角形AOHBは長方形であり、　AB＝OH, BH＝AO＝2
　　△OO′Hにおいて、　∠OHO′＝90°,
　　OO′＝2＋5＝7,　　O′H＝5－2＝3
であるから、三平方の定理により、
　　$AB＝OH＝\sqrt{7^2-3^2}=2\sqrt{10}$

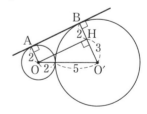

# 節末問題 | 第2節　円の性質

**1**
教科書
**p.84**

次の図のように円と直線が接しているとき，角の大きさ $\alpha$ を求めよ。
ただし，点Oは円の中心である。

(1) 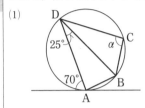　　(2)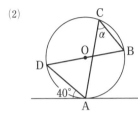

**ガイド**
(1)　円に内接する四角形だから，「向かい合う内角の和は180°」の
利用を考える。

(2)　BD が直径であるから，「半円の弧に対する円周角は90°である」が使える──2点AとBを結ぶ──直線が円と接しているから，「接線と弦のなす角」の定理が使える。

**解答**
(1)　接線と弦のなす角の定理により，

$$\angle ABD = 70°$$
$$\angle BAD = 180° - (70° + 25°) = 85°$$

四角形 ABCD は円に内接するから，
向かい合う内角の和は 180° である。

$$\angle BAD + \alpha = 180° \ \text{より，} \quad \alpha = 180° - 85° = \mathbf{95°}$$

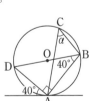

(2)　2点AとBを結ぶと，BD が直径であるから，

$$\angle DAB = 90°$$

接線と弦のなす角の定理により，

$$\angle ABD = 40°$$

よって，　$\angle ADB = 180° - (90° + 40°) = 50°$

円周角の定理により，　$\alpha = \angle ADB = \mathbf{50°}$

**2**
教科書
**p.84**

右の図において，角の大きさ $\alpha$ を求めよ。

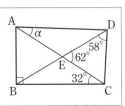

**ガイド**　4点 A，B，C，D は同一円周上にある。その円について，円周角の
定理を利用できる。

**解答**　△ABC において，
　　　　∠BAC＝180°－(90°＋32°)＝58°
　　　よって，　∠BAC＝∠BDC
　　　2点 A，D は直線 BC に関して同じ側にあるから，
　　円周角の定理の逆により，4点 A，B，C，D は同一円周上にある。
　　　この円において，$\overparen{AB}$ に対する円周角であるから，
　　　　∠ADB＝∠ACB＝32°
　　　よって，△ADE において，内角と外角の性質により，
　　　　$\alpha$＝62°－32°＝**30°**

---

**3**

教科書
**p.84**

右の図において，円Oの半径が5，OP＝2
のとき，PA・PB の値を求めよ。

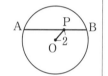

**ガイド**　線分 OP を延長して，方べきの定理を用いる。

**解答**　線分 OP を延長して，右の図のように点を決める。
　　　PC＝5＋2＝7，PD＝5－2＝3 から，方べきの定理
により，
　　　　PA・PB＝PC・PD＝7・3＝**21**

---

**4**

教科書
**p.84**

半径 $r$ の円Oと半径4の円 O′ において，中心間の距離が12であると
する。このとき，次の場合の $r$ の値，または $r$ の値の範囲を求めよ。
(1)　2つの円が接する
(2)　2つの円が2点で交わる
(3)　共通接線がない

**ガイド**　(1)　外接と内接の2通りある。
　　　(2)　(1)の外接と内接の間である。
　　　(3)　共通接線がないのは，大きい円の内
　　　　　側に小さい円がある場合である。

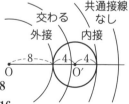

**解答**　(1)　**外接するとき，**$r$＋4＝12 より，　　$r$＝**8**
　　　　　　**内接するとき，**$r$－4＝12 より，　　$r$＝**16**

(2)　2つの円が交わるのは，半径 $r$ が，外接する場合より大きく，
内接する場合より小さくなるときだから，(1)より，　　**$8<r<16$**

(3)　共通接線がないのは，円 O′ が円Oの内部に含まれるときで，
$r-4>12$ より，　　**$r>16$**

---

**5**

教科書
**p.84**

右の図のように，直線 AB と直線
CD が円 O，O′ に接しているとき，
線分 AB と線分 CD の長さを求めよ。

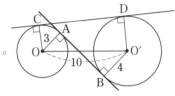

**ガイド**　直角三角形を作り，三平方の定理を用いる。

**解答▶**　点Oから直線 BO′，線分 DO′
に下ろした垂線を，それぞれ
OH，OK とすると，四角形
AOHB，四角形 COKD は長方
形であり，

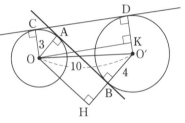

　　AB＝OH，BH＝AO＝3，
　　CD＝OK，DK＝CO＝3
　　△OO′H において，　∠OHO′＝90°，OO′＝10，O′H＝4＋3＝7，
　　△OO′K において，　∠OKO′＝90°，OO′＝10，O′K＝4－3＝1
であるから，それぞれ，三平方の定理により，

　　**AB＝OH＝$\sqrt{10^2-7^2}=\sqrt{51}$**

　　**CD＝OK＝$\sqrt{10^2-1^2}=3\sqrt{11}$**

## 第3節 作 図

# 1 作 図

**✓問 26** 　線分 AB が与えられたとき，次の点を作図せよ。

教科書
**p.86**
(1) 線分 AB を 3：2 に内分する点

(2) 線分 AB を 3：1 に外分する点　　　　　　　A　　　　　　　B

- - - - - - - - - - - - - - - - - - - - - - - - - - - - - - - - -

**ガイド** 　例12 にならい，平行線と線分の比の関係を利用して，与えられた線
分，半直線の上に線分の比を移す。

**解答** 　(1) ① 点Aを通り，半直線 AB と異なる半
直線 ℓ を引く。

② 半直線 ℓ 上に，点Aから等間隔に点
P，Q，R，S，T をとる。

③ 点Rを通り直線 TB に平行な直線
を引き，線分 AB との交点をCとする。

このとき，CR∥BT より，

AC：CB＝AR：RT＝3：2

よって，点Cが求める内分点である。

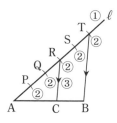

(2) ① 点Aを通り，半直線 AB と異なる半
直線 m を引く。

② 半直線 m 上に，点Aから等間隔に
点P，Q，R をとる。

③ 点Rを通り，直線 QB に平行な直線
を引き，半直線 AB との交点をCとす
る。

このとき，BQ∥CR より，

AC：CB＝AR：RQ＝3：1

よって，点Cが求める外分点である。

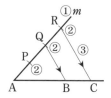

**⚠注意** 　平行な直線の作図については，教科書 p.86 (4)，
p.88 ①(2)を参照。

等間隔の点は，
コンパスで順に
とっていくよ。

**問 27**

教科書
**p.87**

右の図において，AB の長さを 1 とするとき，例 14（教科書 p.87）の手順で長さ $\frac{2}{3}$ の線分を作図せよ。

**ガイド** 平行線と線分の比の関係を利用する。$1:x=3:2$ となる長さ $x$ の線分を作図する。

**解答** ① 点Aを通り，半直線 AB と異なる半直線 $\ell$ を引く。

② 半直線 $\ell$ 上に，AP＝3，PQ＝2 となる点P，Q をとる。

　　ただし，P は線分 AQ 上にとる。

③ 点Qを通り，BP に平行な直線を引き，半直線 AB との交点をCとする。

　このとき，BP∥CQ より，

　AB：BC＝AP：PQ

　したがって，1：BC＝3：2

より，　BC＝$\frac{2}{3}$ である。

よって，BC が求める線分である。

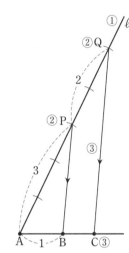

**注意** 上の作図では，例 14 と同様に，「長さ 1 の線分 AB と，長さ 3，2 の線分が与えられたとき」の手順で解答した（長さ 3，2 は，長さ 1 からコンパスで写し取ったもの）。「長さ 1 の線分から長さ $\frac{2}{3}$ の線分の作図」ならば，上の ② を，「AP：PQ＝3：2 となる点P，Q をとる」としてもできる。

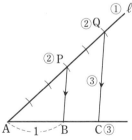

　また，線分 AB を 2：1 に内分する点Dを作図すると，AD＝$\frac{2}{3}$ であり，AD が求める長さをもつ線分となる。

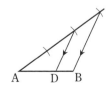

## 節末問題 | 第3節　作 図

☐ **1**　次の作図(1), (2)が, それぞれ下図の手順(I), (II)で作図できるのはなぜか説明せよ。

(1)　与えられた角 ∠XAY の二等分線の作図

(2)　与えられた1点Aを通り, 与えられた直線 ℓ に平行な直線の作図

(I) 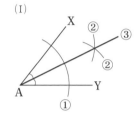　　　　(II)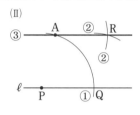

**ガイド**　(1)　合同な図形では, 対応する角の大きさは, それぞれ等しい。

(2)　四角形 APQR はひし形である。

**解答**　(1)　① 角の頂点Aを中心とする円をかき, 半直線 AX, AY との交点をそれぞれ, P, Q とする。

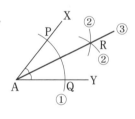

②　2点P, Qを, それぞれ中心として, 等しい半径の円をかき, その交点をRとする。

③　半直線 AR を引く。

このとき, AP＝AQ, PR＝QR, AR＝AR (共通) より, 3組の辺がそれぞれ等しいので,　△APR≡△AQR

合同な図形では, 対応する角の大きさは等しいので,

∠PAR＝∠QAR　すなわち,　∠XAR＝∠YAR

よって, 半直線 AR は ∠XAY の二等分線である。

(2)　①　直線 ℓ 上に点Pをとる。点Pを中心として半径PA の円をかき, ℓ との交点をQとする。

②　2点A, Qをそれぞれ中心として, 半径PA の円をかき, Pと異なる交点をRとする。

③　2点A, R を通る直線を引く。

このとき, PA＝PQ, AR＝QR＝PA より, 4つの辺がすべて等しいので, 四角形 APQR はひし形である。

ひし形の向かい合う辺は平行であり，　AR∥PQ
よって，直線 AR は直線 $\ell$ に平行な直線である。

---

□ **2** 　与えられた△ABC の外心と内心を作図せよ。
教科書 **p.88**

**ガイド**　△ABC の外心は，3 辺の垂直二等分線の交点である。△ABC の内心は，3 つの内角の二等分線の交点である。

**解答**　**外心**　△ABC の 3 辺のうち，2 辺の垂直
　　　　二等分線を作図すると，その交点が外
　　　　心 O となる。

　　　　**内心**　△ABC の 3 つの角のうち，2 つの
　　　　角の二等分線を作図すると，その交点
　　　　が内心 I となる。

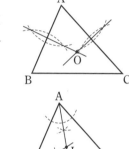

---

□ **3** 　与えられた点 O を中心とし，与えられた直線 $\ell$ に接する円を作図せよ。
教科書 **p.88**

**ガイド**　円の接線と接点を通る半径は垂直であることから考える。

**解答**　① 　点 O を中心として円をかき，直線 $\ell$ と
　　　　の 2 つの交点を P，Q とする。

　　　　② 　点 P，Q をそれぞれ中心として，2 点
　　　　で交わるように等しい半径の円をかき，
　　　　その交点の一方を R とする。

　　　　③ 　2 点 R，O を結び，半直線 OR と直線
　　　　$\ell$ との交点を T とし，O を中心とする半
　　　　径 OT の円をかく。

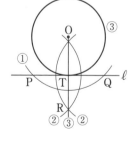

　　このとき，OP＝OQ，PR＝QR，OR＝OR（共通）より，
3 組の辺がそれぞれ等しいので，　△OPR≡△OQR
　　したがって，　∠POR＝∠QOR　すなわち，　∠POT＝∠QOT
　　さらに，OP＝OQ，OT＝OT（共通）より，2 組の辺とその間の角
がそれぞれ等しいので，　△OPT≡△OQT

したがって、 ∠OTP＝∠OTQ

∠OTP＋∠OTQ＝180° であるから、 ∠OTP＝∠OTQ＝90°

すなわち、OT⊥ℓ である。

よって、OT を半径とする円Oは、直線ℓに接する。

---

**□ 4**

教科書
**p.88**

円とその周上の点Aが与えられたとき、この円に内接し、Aを頂点の1つとする正三角形を作図せよ。

**ガイド** 円Oに内接する正三角形 ABC において、∠AOB＝∠AOC＝120° であることを利用する。

**解答** ① 円の中心Oを求める。

2本の弦を引き、それぞれの垂直二等分線を作図して、その交点をOとする。

② 点Aを中心とする半径 OA の円をかき、円Oとの2つの交点をP、Qとする。

③ 点P、Qをそれぞれ中心として、半径 OA の円をかき、円Oとの交点で、A以外の点をそれぞれB、Cとする。

点A、B、Cをそれぞれ結び、△ABCをかく。

このとき、右下の図で、

△AOP、△AOQ、△BOP、△COQ

はすべて正三角形であるから、

∠AOP＝∠AOQ＝∠BOP

＝∠COQ＝60°

したがって、 ∠AOC＝∠AOB＝120°

円周角の定理により、

∠ABC＝∠ACB＝$\frac{1}{2}$×120°＝60°

よって、中段の図の △ABC は求める正三角形である。

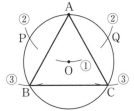

（中心Oを求める作図線は略）

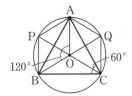

**注意** 円の中心Oは、1つの弦の両端の点から等しい距離（半径）にある。すなわち、弦の垂直二等分線上にある。したがって、中心Oは、平行でない2つの弦のそれぞれの垂直二等分線の交点として求めることができる。

# 第**4**節　**空間図形**

## **1**　**空間における平面・直線の位置関係**

**問 28**
教科書
**p.91**
平面 $\alpha$ と 2 直線 $\ell$, $m$ について，$\alpha /\!/ \ell$，$\alpha /\!/ m$ のとき，$\ell /\!/ m$ はつね
に成り立つか。成り立たないときは，その図をかけ。

- - - - - - - - - - - - - - - - - - - - - - - - - - - - - - - - - - - - - - - -

**ガイド**　空間における<u>直線と平面の位置関係</u>には，次の 3 つの場合がある。

(1)　共有点がない　　　　　　(2)　1 点を共有する

(3)　直線が平面に含まれる

(1)のとき，直線 $\ell$ と平面 $\alpha$ は**平行**であるといい，記号 $/\!/$ を用いて，
$\ell /\!/ \alpha$ のように書く。(2)のとき，直線 $\ell$ と平面 $\alpha$ は**交わる**という。

また，異なる<u>2 直線 $\ell$, $m$ の位置関係</u>には，次の 3 つの場合がある。

(1)　1 点で交わる　　　　(2)　平行である　　　　(3)　同一平面上にない

(1)，(2)のとき，2 直線は同一平面上にあり，(3)のとき，2 直線はねじ
れの位置にあるという。

**解答**　$\alpha /\!/ \ell$，$\alpha /\!/ m$ であって
も，$\ell$ と $m$ はねじれの位置
にあることもあり，交わる
こともある。

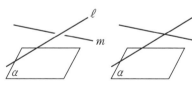

　　したがって，$\ell /\!/ m$ は成り立たない場合がある。

**注意**　異なる 2 平面の位置関係には，
次の 2 つの場合がある。

(1)　共有点がない

(2)　1 つの直線を共有する

(1) 　(2)

(1)のとき，2 平面 $\alpha$，$\beta$ は**平行**であるといい，$\alpha /\!/ \beta$ のように書く。
(2)のとき，2 平面 $\alpha$，$\beta$ は**交わる**といい，共有する直線を**交線**という。

# 2 多面体

**問 29** 正多面体について，次の表を完成させよ。

教科書 **p.92**

| 正多面体 | 頂点の数 $v$ | 辺の数 $e$ | 面の数 $f$ | $v-e+f$ |
|---|---|---|---|---|
| 正四面体 | | | | |
| 正六面体 | | | | |
| 正八面体 | | | | |
| 正十二面体 | | | | |
| 正二十面体 | | | | |

**ガイド** いくつかの多角形で囲まれた空間図形を**多面体**という。多面体はその面の数で，四面体や六面体などという。

 直方体  四角錐  五角柱  立方体

多面体のうち，へこみのないもの，すなわち，多面体上のどの 2 点を結んだ線分も多面体内に含まれるものを**凸多面体**という。

凸多面体のうち，各面が合同な正多角形で，各頂点に集まる面の数，辺の数が等しいものを**正多面体**という。

正多面体には次の 5 種類があり，これら以外には存在しないことが知られている。

 正四面体  正六面体（立方体）  正八面体  正十二面体  正二十面体

多面体をつくる多角形を多面体の**面**，面の頂点を多面体の**頂点**，面の辺を多面体の**辺**という。

| 正多面体 | 面の数 $f$ | 面の形 | 1 つの頂点に集まる面の数 |
|---|---|---|---|
| 正四面体 | 4 | 正三角形 | 3 |
| 正六面体 | 6 | 正方形 | 3 |
| 正八面体 | 8 | 正三角形 | 4 |
| 正十二面体 | 12 | 正五角形 | 3 |
| 正二十面体 | 20 | 正三角形 | 5 |

正八面体の頂点の数

正三角形の頂点の数は3，8個あると，　　　$3 \times 8$

4つの頂点が重なって，正八面体の1つの頂点になっているから，

正八面体の頂点の数は，　　　$3 \times 8 \div 4 = 6$

正八面体の辺の数

正三角形の辺の数は3，8個あると，　　　$3 \times 8$

2つの辺が重なって，正八面体の1つの辺になっているから，

正八面体の辺の数は，　　　$3 \times 8 \div 2 = 12$

同様にして，

正十二面体の頂点の数は，　　　$5 \times 12 \div 3 = 20$

　　　　　　辺の数は，　　　$5 \times 12 \div 2 = 30$

正二十面体の頂点の数は，　　　$3 \times 20 \div 5 = 12$

　　　　　　辺の数は，　　　$3 \times 20 \div 2 = 30$

頂点の数は，
1つの頂点に集まる
面の数がポイントだね。

**解答▶**

| 正多面体 | 頂点の数 $v$ | 辺の数 $e$ | 面の数 $f$ | $v-e+f$ |
|---|---|---|---|---|
| 正四面体 | 4 | 6 | 4 | 2 |
| 正六面体 | 8 | 12 | 6 | 2 |
| 正八面体 | 6 | 12 | 8 | 2 |
| 正十二面体 | 20 | 30 | 12 | 2 |
| 正二十面体 | 12 | 30 | 20 | 2 |

**問30**　次の凸多面体について，頂点の数，辺の数，面の数を調べて，オイラーの多面体定理が成り立つことを確かめよ。

教科書
**p.93**

(1) 五角柱　　　　　　　　　　　　　(2) 四角錐

- - - - - - - - - - - - - - - - - - - - - - - - - - - - - - - - - - - - - - -

**ガイド**

**ここがポイント** ☞ **定理16 [オイラーの多面体定理]**
凸多面体で，頂点の数を $v$，辺の数を $e$，面の数を $f$ とすると，
　　$v - e + f = 2$

それぞれの見取図は，前ページにある。

(1) 頂点の数　$v = 10$，辺の数　$e = 15$，面の数　$f = 7$

　　よって，　$v - e + f = 10 - 15 + 7 = 2$

(2) 頂点の数 $v=5$，辺の数 $e=8$，面の数 $f=5$

よって， $v-e+f=5-8+5=2$

**プラスワン** オイラーの多面体定理を使うと，正多面体が5種類しか存在しないことも示すことができる。

正多面体が存在するには，次の①，②が必要である。

① 1つの頂点に集まる面の数は3以上

② 頂点のまわりの多面体の角の和は 360° 未満

①，②より，正多面体の面は，内角が 120° 未満の正多角形であり，

(ⅰ) 正三角形 (ⅱ) 正方形 (ⅲ) 正五角形

の3種類しかない。

(ⅰ) 面が正三角形のとき，

1つの内角は 60° であるから，①は，3，4，5が考えられる。

(ア) 1つの頂点に正三角形が3個集まるとき，

$v=\dfrac{3f}{3}$，$e=\dfrac{3f}{2}$ より， $\dfrac{3f}{3}-\dfrac{3f}{2}+f=2$ $f=4$

(イ) 1つの頂点に正三角形が4個集まるとき，

$v=\dfrac{3f}{4}$，$e=\dfrac{3f}{2}$ より， $\dfrac{3f}{4}-\dfrac{3f}{2}+f=2$ $f=8$

(ウ) 1つの頂点に正三角形が5個集まるとき

$v=\dfrac{3f}{5}$，$e=\dfrac{3f}{2}$ より， $\dfrac{3f}{5}-\dfrac{3f}{2}+f=2$ $f=20$

(ⅱ) 面が正方形のとき，

1つの内角は 90° であるから，1つの頂点に集まる面の数は3であり，$v=\dfrac{4f}{3}$，$e=\dfrac{4f}{2}$ より， $\dfrac{4f}{3}-\dfrac{4f}{2}+f=2$ $f=6$

(ⅲ) 面が正五角形のとき，

1つの内角は 108° であるから，1つの頂点に集まる面の数は3であり，$v=\dfrac{5f}{3}$，$e=\dfrac{5f}{2}$ より， $\dfrac{5f}{3}-\dfrac{5f}{2}+f=2$ $f=12$

以上から， $f=4$，8，20，6，12

よって，正多面体は

正四面体，正六面体(立方体)，正八面体，正十二面体，正二十面体の5種類があり，これら以外には存在しないことが示された。

## 節末問題 | 第4節 空間図形

☑ **1**

教科書 **p.95**

右の図の立方体において，次の2直線や2平面のなす角 $\theta$ を求めよ。ただし，$0° \leqq \theta \leqq 90°$ とする。

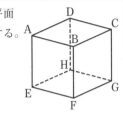

(1) 直線 AB と直線 CF

(2) 直線 AC と直線 AF

(3) 平面 AHGB と平面 DHGC

(4) 平面 DEFC と平面 BFGC

**ガイド** ねじれの位置にある2直線 $\ell$，$m$ に対し，1点Oを通って $\ell$，$m$ にそれぞれ平行な直線 $\ell'$，$m'$ を引く。このとき，$\ell'$ と $m'$ のなす角は点Oをどこにとっても等しくなる。この角を **2直線 $\ell$，$m$ のなす角**という。

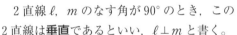

2直線 $\ell$，$m$ のなす角が90°のとき，この2直線は**垂直**であるといい，$\ell \perp m$ と書く。

垂直な2直線が交わるとき，それらは**直交**するという。

2平面 $\alpha$，$\beta$ の交線上の点Oをとり，$\alpha$ 上および $\beta$ 上でOを通る交線の垂線をそれぞれ $\ell$，$m$ とするとき，2直線 $\ell$，$m$ のなす角はOのとり方によらず一定である。この角を **2平面 $\alpha$，$\beta$ のなす角**という。2平面 $\alpha$，$\beta$ のなす角が90°のとき，この2平面は**垂直**であるといい，$\alpha \perp \beta$ と書く。

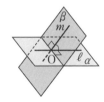

(4) 平面 $\alpha$ に垂直な直線を含む平面は，$\alpha$ に垂直である。

**解答** (1) AB∥EF より，角 $\theta$ は直線 EF と直線 CF のなす角に等しい。
四角形 DEFC は長方形であるから，$\theta = \mathbf{90°}$

(2) 立方体の各面は合同な正方形であるから，AC＝AF＝CF
△ACF は正三角形であるから，$\theta = \mathbf{60°}$

(3) 交線は直線 GH で，AH⊥HG，DH⊥HG であるから，
$\theta = \angle\text{AHD} = \mathbf{45°}$

(4) DC⊥BC，DC⊥CG より，DC⊥面 BFGC
したがって，DC を含む平面 DEFC は面 BFGC に垂直であり，
$\theta = \mathbf{90°}$

☑ **2**
教科書 **p.95**

OA＝3，OB＝4，OC＝5 である右の図のような直方体において，点Oを一端とする対角線 OE と△ABC の交点をGとする。また，直線BG と DO の交点をMとし，Mを通り面 OADC に垂直な直線と OE の交点をNとするとき，次の問いに答えよ。

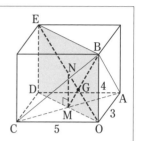

(1) OB：NM を求めよ。

(2) BG の長さを求めよ。

**ガイド** (1) 点 M は長方形 OADC の対角線の交点であるから，線分 DO の中点である。

(2) BO∥NM より，　BG：MG＝OB：NM

**解答** (1) 点 M は長方形の対角線の交点であるから，　OM：MD＝1：1

∠OMN＝∠ODE＝90° より，　NM∥ED

よって，　ED：NM＝OD：OM＝(1＋1)：1＝2：1

OB＝ED であるから，　OB：NM＝**2：1**

(2) △OCD は直角三角形であるから，

$$OD＝\sqrt{3^2＋5^2}＝\sqrt{34}$$

△MOB は直角三角形であるから，$OM＝\dfrac{1}{2}OD$ より，

$$MB＝\sqrt{4^2＋\left(\dfrac{\sqrt{34}}{2}\right)^2}＝\sqrt{\dfrac{98}{4}}＝\dfrac{7\sqrt{2}}{2}$$

BO∥NM より，　BG：MG＝OB：NM＝2：1

よって，　$BG＝\dfrac{2}{2＋1}BM＝\dfrac{2}{3}×\dfrac{7\sqrt{2}}{2}＝\dfrac{7\sqrt{2}}{3}$

☑ **3**
教科書 **p.95**

正四面体の内部の点から各面に下ろした垂線の長さの和は一定であることを証明せよ。

**ガイド** 正四面体 ABCD の内部の点をPとすると，正四面体 ABCD の体積は，4つの三角錐 PABC，PBCD，PCDA，PDAB の体積の和と等しいことを利用して示す。

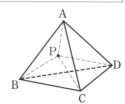

**解答**　正四面体の体積を $V$，各面の面積を $S$ とする。

　　正四面体の内部の点を P とし，点 P から各面に下ろした垂線の長さ
を，それぞれ $h$，$i$，$j$，$k$ とすると，次の等式が成り立つ。

$$V = \frac{1}{3}Sh + \frac{1}{3}Si + \frac{1}{3}Sj + \frac{1}{3}Sk = \frac{1}{3}S(h+i+j+k)$$

　　ここで，$V$，$S$ の値は一定であるから，$h+i+j+k$ の値も一定である。

　　よって，正四面体の内部の点から各面に下ろした垂線の長さの和は
一定である。

---

**4**

教科書 **p.95**

　1辺の長さが $2a$ の立方体 ABCD-EFGH の
辺 AD，DC の中点をそれぞれ P，Q とする。
　4点 P，Q，E，G を通る平面でこの立体を切っ
たとき，点 H を含む方の立体の体積を求めよ。

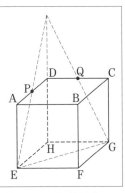

**ガイド**　直線 PE と直線 DH の交点を I として，三角錐 IHEG を利用する。

**解答**　直線 PE と直線 DH の交点を I とすると，

　　PD∥EH より，　ID：IH＝PD：EH＝1：2　　ID＝DH

　　直線 QG と直線 DH の交点を I′ とすると，

　　QD∥GH より，　I′D：I′H＝QD：GH＝1：2　　I′D＝DH

　　したがって，ID＝I′D であるから，直線 PE と直線 QG は，直線
DH 上の1点 I で交わり，　ID＝DH＝$2a$，IH＝$4a$

　　また，EH＝GH＝$2a$，PD＝QD＝$a$ であるから，
求める立体の体積は，

　　（三角錐 IHEG の体積）－（三角錐 IDPQ の体積）

$$= \frac{1}{3} \times \frac{1}{2} \times 2a \times 2a \times 4a - \frac{1}{3} \times \frac{1}{2} \times a \times a \times 2a$$

$$= \frac{8}{3}a^3 - \frac{1}{3}a^3$$

$$= \frac{7}{3}a^3$$

## 章末問題

────────── A ──────────

**1**
教科書
**p.96**
△ABC において，点Aを通り，辺BC に平行な直線 $\ell$ を引く。辺 AB を $1:2$ に内分する点をD，辺 AC を $2:3$ に内分する点をEとする。直線 CD と，線分 BE，直線 $\ell$ との交点を，それぞれ P，Q とするとき，CP : PD，CP : PQ を，それぞれ求めよ。

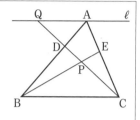

**ガイド** CP : PD はメネラウスの定理を用いて求める。CP : PQ は，QD : DC を求めて，CP : PD とあわせて求める。

**解答▶** △ACD と直線 BE において，メネラウスの定理により，

$$\frac{AE}{EC} \cdot \frac{CP}{PD} \cdot \frac{DB}{BA} = \frac{2}{3} \cdot \frac{CP}{PD} \cdot \frac{2}{3} = 1$$

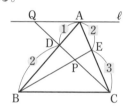

すなわち，$\dfrac{CP}{PD} = \dfrac{9}{4}$ より，

　**CP : PD = 9 : 4** ……①

また，$\ell /\!/ BC$ より，QD : DC = AD : DB = 1 : 2 ……②

①より，　$CP = \dfrac{9}{13}CD$，$PD = \dfrac{4}{13}CD$ 　②より，　$QD = \dfrac{1}{2}CD$

したがって，　$PQ = PD + QD = \dfrac{4}{13}CD + \dfrac{1}{2}CD = \dfrac{21}{26}CD$

よって，　**CP : PQ** $= \dfrac{9}{13}CD : \dfrac{21}{26}CD = 18 : 21 = $ **6 : 7**

**2**
教科書
**p.96**
△ABC の内心を I とする。直線 AI が △ABC の外接円と交わる点を D とすると，
　　DB = DI = DC
であることを示せ。

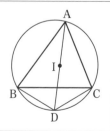

第
2
章

図形の性質

**ガイド**　円周角の定理を利用して，△DBC と △DBI がともに二等辺三角形であることを示す。

**解答**　点 I は △ABC の内心であるから，AI は ∠BAC の二等分線である。

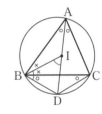

　　　　よって，　∠BAD＝∠CAD　……①

　　　　また，同じ弧に対する円周角は等しいから，

　　　　　∠CAD＝∠CBD　……②

　　　　同様に，　∠BAD＝∠BCD　……③

　　　　①，②，③より，∠CBD＝∠BCD

　　　　したがって，△DBC は二等辺三角形であり，

　　　　　DB＝DC　……④

　　　　また，BI は ∠CBA の二等分線であるから，

　　　　　∠IBD＝∠IBC＋∠CBD

　　　　　　　　＝∠IBA＋∠CAD

　　　　　　　　＝∠IBA＋∠IAB

　　　　　　　　＝∠BID

　　　　したがって，△DBI は二等辺三角形であり，

　　　　　DB＝DI　……⑤

　　　　④，⑤より，　　DB＝DI＝DC

**3**

教科書
**p.96**

　点 T において内接する 2 つの円がある。右の図のように点 T を通る 2 直線が 2 つの円と，それぞれ 2 点 A，B および 2 点 C，D で交わっている。AB＝5，BD＝7，BT＝6 のとき，AC の長さを求めよ。

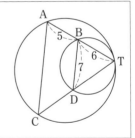

**ガイド**　2 つの円は内接するから，接点 T を通る共通接線は 1 本である。その接線を引いて，接線と弦のなす角の定理を利用する。AC の長さは平行線と線分の比を使って求める。

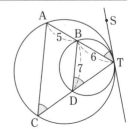

**解答**　右の図のように，点 T を接点とする接線を引き，接線上に点 S をとる。

接線と弦のなす角の定理により，

　　∠ATS＝∠ACT，∠BTS＝∠BDT

したがって，　∠ACT＝∠BDT

同位角が等しいから，　AC∥BD

△TAC において，平行線と線分の比により，

　　BT：AT＝BD：AC

　　6：(5+6)＝7：AC

よって，　AC＝$\dfrac{77}{6}$

---

**4** 教科書 **p.96**　四面体 ABCD において，辺 AB，BC，CD，DA の中点を，それぞれ P，Q，R，S とする。このとき，四角形 PQRS は平行四辺形であることを示せ。

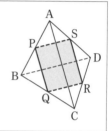

**ガイド** 中点連結定理を用いて，PQ∥SR，PQ＝SR を示す。

**解答** △BAC において，中点連結定理により，　PQ∥AC，PQ＝$\dfrac{1}{2}$AC

同様に，△DAC において，　SR∥AC，SR＝$\dfrac{1}{2}$AC

したがって，　PQ∥SR，PQ＝SR

よって，1組の向かい合う辺が，等しくて平行であるので，四角形 PQRS は平行四辺形である。

---

**B**

**5** 教科書 **p.97**　右の図において，AD＝3，BD＝9，AE＝4，CE＝5 である。DF＝2 のとき，EF の長さを求めよ。

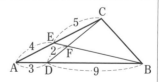

**ガイド** 　方べきの定理の逆から，同一円周上にある 4 点を示し，その円にお
いて円周角の定理を利用する。相似な三角形の比を考える。

**解答** 　2 つの線分 BD，CE の延長どうしが点Aで交わり，

$$AD \cdot AB = 3 \times (3+9) = 36$$
$$AE \cdot AC = 4 \times (4+5) = 36$$

であるから，　　AD・AB＝AE・AC

　したがって，方べきの定理の逆により，4 点 D，B，C，E は同一円
周上にある。

　この円において，円周角の定理により，

$$\angle DBF = \angle ECF$$

対頂角は等しいから，　　∠BFD＝∠CFE

以上より，　　△BDF∽△CEF

よって，　　BD：CE＝DF：EF

すなわち，　　9：5＝2：EF より，　　$EF = \dfrac{10}{9}$

---

**6**
教科書
**p.97**
　半径 4 の円Oの内部に，OP＝2 である定点
Pをとる。点Pを通る直線と円との交点を A，
B とする。また，点Pにおいて，直線 AB と
直交する直線と円との交点を C，D とする。
　△PAC と △PBD の面積をそれぞれ $S_1$，$S_2$
とするとき，$S_1 \times S_2$ の値を求めよ。

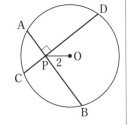

**ガイド** 　直線 OP と円Oの交点を Q，R として，線分 AB，CD，QR につい
て方べきの定理を用いる。

**解答** 　直線 OP と円Oの交点を Q，R とする。
　方べきの定理により，

$$PA \cdot PB = PQ \cdot PR = 2 \cdot 6 = 12$$
$$PC \cdot PD = PQ \cdot PR = 12$$

よって，

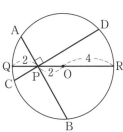

$$S_1 \times S_2 = \left(\frac{1}{2} \cdot PA \cdot PC\right) \times \left(\frac{1}{2} \times PB \cdot PD\right)$$

$$= \frac{1}{4} \cdot PA \cdot PB \cdot PC \cdot PD = \frac{1}{4} \cdot 12 \cdot 12 = \mathbf{36}$$

**7**

△ABC において，AB＝AC＝5，BC＝$\sqrt{5}$ とする。辺 AC 上に点D を AD＝3 となるようにとり，辺 BC のBの側の延長と △ABD の外接円との交点でBと異なるものをEとする。このとき，次のものを求めよ。

(1) 線分 BE の長さ

(2) 辺 AB と線分 DE の交点をPとするとき，$\dfrac{DP}{EP}$

(3) 線分 EP の長さ

**ガイド** 図は，右のようになる。

(1) 2直線 AD，BE が円外の点Cで交わる。方べきの定理を使う。

(2) △DEC に，直線 AB が交わる。メネラウスの定理を使う。

(3) まず，AP：PB を求める。(2)の結果と，PA，PB の長さを利用して，方べきの定理を使う。

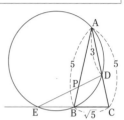

**解答** (1) BE＝$x$ とおく。方べきの定理により，

$$\sqrt{5}(\sqrt{5}+x)=2\cdot5 \qquad x=\sqrt{5} \quad \text{よって，} \quad BE=\sqrt{5}$$

(2) △DEC と直線 AB において，メネラウスの定理により，

$$\frac{EB}{BC}\cdot\frac{CA}{AD}\cdot\frac{DP}{PE}=\frac{\sqrt{5}}{\sqrt{5}}\cdot\frac{5}{3}\cdot\frac{DP}{PE}=1$$

すなわち，$\dfrac{DP}{PE}=\dfrac{3}{5}$ よって，$\dfrac{DP}{EP}=\dfrac{3}{5}$

(3) △ABC と直線 ED において，メネラウスの定理により，

$$\frac{AP}{PB}\cdot\frac{BE}{EC}\cdot\frac{CD}{DA}=\frac{AP}{PB}\cdot\frac{\sqrt{5}}{2\sqrt{5}}\cdot\frac{2}{3}=1$$

すなわち，$\dfrac{AP}{PB}=3$ より，AP：PB＝3：1

したがって，PA＝$5\times\dfrac{3}{4}=\dfrac{15}{4}$，PB＝$5\times\dfrac{1}{4}=\dfrac{5}{4}$

ここで，(2)から，PE＝$5y$，PD＝$3y$ とおくと，

方べきの定理により，$\dfrac{15}{4}\cdot\dfrac{5}{4}=3y\cdot5y$ $y^2=\dfrac{5}{4^2}$

$y>0$ であるから，$y=\dfrac{\sqrt{5}}{4}$ よって，EP＝$5\times\dfrac{\sqrt{5}}{4}=\dfrac{5\sqrt{5}}{4}$

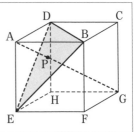

□ **8**
教科書
**p.97**
　1辺の長さが1の立方体 ABCD-EFGH が
ある。このとき，次の問いに答えよ。
(1)　直線 AG が平面 BDE に垂直であること
　を証明せよ。
(2)　直線 AG が平面 BDE と交わる点をPと
　する。線分 AP の長さを求めよ。

**ガイド**

　**ここがポイント** 👉

　直線 $\ell$ が，平面 $\alpha$ 上の交わる2直線に垂直ならば，$\ell \perp \alpha$ で
ある。

(1)　AG⊥BD，AG⊥BE を示す。
(2)　四面体 ABDE の体積を利用する。

**解答**　(1)　CG⊥平面 ABCD より，　　CG⊥BD
　　　　正方形の対角線は直交するから，　　CA⊥BD
　　　　したがって，平面 CGA⊥BD より，　　AG⊥BD　……①
　　　　FG⊥平面 AEFB より，　　FG⊥BE
　　　　正方形の対角線は直交するから，　　FA⊥BE
　　　　したがって，平面 FGA⊥BE より，　　AG⊥BE　……②
　　　　①，②より，　　AG⊥平面 BDE
　　　　よって，直線 AG は平面 BDE に垂直である。

(2)　BD＝DE＝EB＝$\sqrt{2}$ より，△BDE は1辺 $\sqrt{2}$ の正三角形で
　　ある。
　　　　点Bから辺 DE へ下ろした垂線の長さを $h$ とすると，

$$h=\sqrt{(\sqrt{2})^2-\left(\frac{\sqrt{2}}{2}\right)^2}=\frac{\sqrt{6}}{2}$$

　　　　したがって，　　△BDE＝$\frac{1}{2}\times\sqrt{2}\times\frac{\sqrt{6}}{2}=\frac{\sqrt{3}}{2}$

　　四面体 ABDE の体積について，次の等式が成り立つ。

$$\frac{1}{3}\times\triangle BDE\times AP=\frac{1}{3}\times\triangle ABD\times AE$$

$$\frac{1}{3}\times\frac{\sqrt{3}}{2}\times AP=\frac{1}{3}\times\left(\frac{1}{2}\times1\times1\right)\times1$$

　　よって，　　AP＝$\frac{1}{\sqrt{3}}=\frac{\sqrt{3}}{3}$

# 第3章　数学と人間の活動

## 第1節　数学と歴史・文化

### 1　位取り記数法

**問 1**

教科書
**p.100**

| | | | | … | | | | | | | | |
|---|---|---|---|---|---|---|---|---|---|---|---|---|
| 1 | 2 | 3 | 4 | | 8 | 9 | 10 | 100 | 1000 | 10000 | 100000 | 1000000 |

上の表を用いて，次の象形文字を現代の数字で表せ。

(1)            (2)

- - - - - - - - - - - - - - - - - - - - - - - - - - - - - - - - - - - - -

**ガイド** 上の表は，古代エジプトで数を表すために利用された象形文字である。十ずつで新しい記号を作っていく**記数法**を用いて数を表していた。

**解答** (1) $100 \times 4 + 10 \times 4 + 1 = \mathbf{441}$      (2) $100 \times 2 + 10 \times 3 + 1 = \mathbf{231}$

**⚠注意** 現代では，数字の書かれている位置を数の大きさと対応させる**位取り記数法**を用いている。日常的に使っている数は，十進法で表された数であり，空位を表す「0」を含め，1, 2, 3, 4, 5, 6, 7, 8, 9, 0 の十個の記号でどんなに大きい数も表すことができる。

**問 2** 次の数を十進法で表せ。

教科書
**p.101**
(1) $101011_{(2)}$                  (2) $1212_{(3)}$

- - - - - - - - - - - - - - - - - - - - - - - - - - - - - - - - - - - - -

**ガイド** (1) 右下の (2) は，二進法で表された数であることを表す。二ずつで位が一つ繰り上がる。右から，1, 2, $2^2$, $2^3$, ……の位となる。

(2) 三進法で表された数であり，三ずつで位が一つ繰り上がる。右から，1, 3, $3^2$, $3^3$ の位となる。

**解答** (1) $101011_{(2)} = 1 \times 2^5 + 0 \times 2^4 + 1 \times 2^3 + 0 \times 2^2 + 1 \times 2 + 1 = \mathbf{43}$

(2) $1212_{(3)} = 1 \times 3^3 + 2 \times 3^2 + 1 \times 3 + 2 = \mathbf{50}$

**⚠注意** 一般に，位取りのもととなる数が $n$ である表記法を **$n$進法**という。また，$n$進法で表された数を **$n$進数**という。十進法以外の $n$進法で表された数は，区別するために右下に $(n)$ をつける。

**問 3**　十進法で表された次の数を，二進法で表せ。

教科書
**p.101**
(1)　12　　　　　　　　　(2)　55　　　　　　　　　(3)　100

**ガイド**　2で次々と割っていく。最後の商と余りを下から順に置く。

**解答**
(1)
$$
\begin{array}{r}
\text{余り}\\
2\underline{)\,12}\quad\downarrow\\
2\underline{)\ 6}\cdots 0\\
2\underline{)\ 3}\cdots 0\\
1\cdots 1
\end{array}
$$
$12=\mathbf{1100}_{(2)}$

(2)
$$
\begin{array}{r}
2\underline{)\,55}\\
2\underline{)\,27}\cdots 1\\
2\underline{)\,13}\cdots 1\\
2\underline{)\ 6}\cdots 1\\
2\underline{)\ 3}\cdots 0\\
1\cdots 1
\end{array}
$$
$55=\mathbf{110111}_{(2)}$

(3)
$$
\begin{array}{r}
2\underline{)\,100}\\
2\underline{)\ 50}\cdots 0\\
2\underline{)\ 25}\cdots 0\\
2\underline{)\ 12}\cdots 1\\
2\underline{)\ 6}\cdots 0\\
2\underline{)\ 3}\cdots 0\\
1\cdots 1
\end{array}
$$
$100=\mathbf{1100100}_{(2)}$

---

**問 4**　$0.11_{(2)}$ を十進法で表せ。

教科書
**p.102**

**ガイド**　十進法以外の $n$ 進法で表された小数についても，十進法と同様に考える。二進法では，2の累乗で割った分数の位を考える。

**解答**　$0.11_{(2)}=1\times\dfrac{1}{2}+1\times\dfrac{1}{2^2}$

$\phantom{0.11_{(2)}}=\dfrac{1}{2}+\dfrac{1}{4}=\dfrac{3}{4}=\mathbf{0.75}$

---

**問 5**　次の計算を行い，その結果を二進法で表せ。

教科書
**p.102**
(1)　$11011_{(2)}+1010_{(2)}$　　　　　　　(2)　$1111_{(2)}\times101_{(2)}$

**ガイド**　二進法の足し算では，以下の式をもとにして，計算を行う。

$$0_{(2)}+0_{(2)}=0_{(2)}\qquad 0_{(2)}+1_{(2)}=1_{(2)}$$
$$1_{(2)}+0_{(2)}=1_{(2)}\qquad 1_{(2)}+1_{(2)}=10_{(2)}$$

二進法の掛け算では，以下の式をもとにして，計算を行う。

$$0_{(2)}\times0_{(2)}=0_{(2)}\qquad 0_{(2)}\times1_{(2)}=0_{(2)}$$
$$1_{(2)}\times0_{(2)}=0_{(2)}\qquad 1_{(2)}\times1_{(2)}=1_{(2)}$$

第3章　数学と人間の活動

**解答**　(1)

```
    1 1 0 1 1
+     1 0 1 0
  1 0 0 1 0 1
```

答えは，　$100101_{(2)}$

(2)

```
      1 1 1 1
×       1 0 1
      1 1 1 1
    1 1 1 1
  1 0 0 1 0 1 1
```

答えは，$1001011_{(2)}$

---

**問 6**　下の図のような，AからEまでの5つの数表がある。

教科書 **p.103**

A

| 16 | 17 | 18 | 19 |
|----|----|----|----|
| 20 | 21 | 22 | 23 |
| 24 | 25 | 26 | 27 |
| 28 | 29 | 30 | 31 |

B

| 8  | 9  | 10 | 11 |
|----|----|----|----|
| 12 | 13 | 14 | 15 |
| 24 | 25 | 26 | 27 |
| 28 | 29 | 30 | 31 |

C

| 4  | 5  | 6  | 7  |
|----|----|----|----|
| 12 | 13 | 14 | 15 |
| 20 | 21 | 22 | 23 |
| 28 | 29 | 30 | 31 |

D

| 2  | 3  | 6  | 7  |
|----|----|----|----|
| 10 | 11 | 14 | 15 |
| 18 | 19 | 22 | 23 |
| 26 | 27 | 30 | 31 |

E

| 1  | 3  | 5  | 7  |
|----|----|----|----|
| 9  | 11 | 13 | 15 |
| 17 | 19 | 21 | 23 |
| 25 | 27 | 29 | 31 |

各数表に誕生日が書かれているかどうかを答えると，次の手順で誕生日を言い当てることができる。

> **誕生日の復元方法**
> **誕生日が書かれている数表の一番左上の整数の総和をとる。**

上の手順を，いろいろな誕生日で試してみよ。

- - - - - - - - - - - - - - - - - - - - - - - - - - - - - - - - - - - - - - -

**ガイド**　各数表の一番左上の整数は，Aから順に，$2^4$，$2^3$，$2^2$，2，1であり，二進法の位取りに使われる数である。さらに，Aには$2^4$の位が1となる二進数が並んでいて，Bには$2^3$，Cには$2^2$，Dには2の位がそれぞれ1となる二進数が並んでいる。

たとえば，$23 = 10111_{(2)}$ であるから，23はA，C，D，Eの数表にあり，$14 = 1110_{(2)}$ であるから，14はB，C，Dの数表にある。また，$4 = 100_{(2)}$ であるから，4はCの数表にしかない。

**解答**　(例)「誕生日が書かれている数表は，CとD」と答えた人

→ 復元方法は，$4 + 2 = 6$　　誕生日は6日

「誕生日が書かれている数表は，B，D，E」

→ $8 + 2 + 1 = 11$ より，誕生日は11日

「誕生日が書かれている数表は，A，B，E」

→ $16 + 8 + 1 = 25$ より，誕生日は25日

**⚠注意**　$6 = 110_{(2)}$，$11 = 1011_{(2)}$，$25 = 11001_{(2)}$

# 2 ユークリッドの互除法

**問 7** 次の2つの数の最大公約数を求めよ。

教科書
**p.105**

(1) 874, 323　　　　　　　　(2) 2627, 3337

**ガイド**

**ここがポイント** ☞ [互除法の原理]

$a>b$ である2つの正の整数 $a$, $b$ について，$a$ を $b$ で割った余りを $r$ $(r\neq0)$ とすると，

$$(a\ と\ b\ の最大公約数)=(b\ と\ r\ の最大公約数)$$

この原理により，割る数を余りで割る割り算を繰り返して最大公約数を求める方法を**ユークリッドの互除法**という。

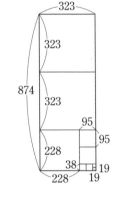

**解答**

(1) $874=323\times2+228$
$323\ \ \ =228\times1+95$
$228\ \ \ =95\times2+38$
$95\ \ \ =38\times2+19$
$38=19\times2$

最大公約数は **19** である。

(2) $3337=2627\times1+710$
$2627=710\times3+497$
$710=497\times1+213$
$497=213\times2+71$
$213=71\times3$

最大公約数は **71** である。

**別解**

(1)
```
        2
  323)874
      646      1
      228)323
          228    2
           95)228
              190    2
               38)95
                   76    2
最大公約数→ 19)38
                   38
                    0
```

(2)
```
         1
  2627)3337
       2627      3
        710)2627
            2130    1
             497)710
                 497    2
                  213)497
                       426    3
最大公約数→ 71)213
                       213
                         0
```

◢問 8　ユークリッドの互除法を用いて646と437の最大公約数 $d$ を求め，下
教科書 **p.106** の例を参考にして $d$ を646の整数倍と437の整数倍の和として表せ。

ガイド　（例）　288と126の最大公約数18を求める次の計算

$$288=126\times2+\boxed{36}, \quad 126=36\times3+\boxed{18}, \quad 36=18\times2$$

において，最初の2つの式を変形すると，

$$\boxed{36}=288-126\times2 \quad \cdots\cdots①$$
$$\boxed{18}=126-36\times3 \quad \cdots\cdots②$$

となる。①を②に代入すると，

$$18=126-(288-126\times2)\times3$$
$$=288\times(-3)+126\times7$$

よって，288と126の最大公約数18は，288の整数倍と126の整数
倍の和として表すことができる。

解答▶　$646=437\times1+209, \quad 437=209\times2+19, \quad 209=19\times11$

より，**$d=19$**

最初の2つの式を変形すると，

$$209=646-437\times1 \quad \cdots\cdots①$$
$$19=437-209\times2 \quad \cdots\cdots②$$

となる。①を②に代入すると，

$$19=437-(646-437\times1)\times2$$
$$\mathbf{=646\times(-2)+437\times3}$$

プラスワン▎　一般に，ユークリッドの互除法の計算を逆にたどることによ
って，正の整数 $a$, $b$ の最大公約数 $d$ を，$a$ の整数倍と $b$ の整数倍の和
として表すことができる。

> **ここがポイント** ☞ [最大公約数の性質]
>
> 　正の整数 $a$, $b$ の最大公約数を $d$ とすると，$ax+by=d$ を満
> たす整数 $x$, $y$ が存在する。
> 　とくに，$a$ と $b$ の最大公約数が1であるとき，$ax+by=1$ を
> 満たす整数 $x$, $y$ が存在する。

　2つの正の整数 $a$, $b$ の最大公約数が1であるとき，$a$, $b$ は**互いに
素**であるという。

**問 9** 次の不定方程式の整数解をすべて求めよ。

**p.107**　(1)　$5x-2y=0$　　　　　　　　(2)　$4x+9y=0$

- - - - - - - - - - - - - - - - - - - - - - - - - - - - - - - - - -

**ガイド**　$x$, $y$ を未知数とする方程式 $ax+by=c$ を**二元一次方程式**といい、解が1つでなく無数にあるような方程式を**不定方程式**という。

また、方程式の解のうち整数であるものを**整数解**という。

> **ここがポイント** 👉
>
> 　$a$, $b$ が互いに素である正の整数で、整数 $x$, $y$ について、$ax=by$ が成り立つならば、$x$ は $b$ の倍数であり、$y$ は $a$ の倍数である。

約数や倍数は、整数の範囲に広げて考えることもできる。

**解答**　(1)　方程式より、　$5x=2y$

　　　　　　ここで、5と2は互いに素であるから、$x$ は2の倍数である。

　　　　　　したがって、$n$ を整数として、$x=2n$ と書ける。

　　　　　　このとき、$5×2n=2y$ より、　$y=5n$

　　　　　　よって、整数解は、　**$x=2n$, $y=5n$　（$n$ は整数）**

　　　　(2)　方程式より、　$4x=-9y$

　　　　　　ここで、4と9は互いに素であるから、$x$ は9の倍数である。

　　　　　　したがって、$n$ を整数として、$x=9n$ と書ける。

　　　　　　このとき、$4×9n=-9y$ より、　$y=-4n$

　　　　　　よって、求める整数解は、　**$x=9n$, $y=-4n$　（$n$ は整数）**

**注意**　上のように、すべての解をまとめて表した解を**一般解**という。

**問 10** 次の不定方程式の整数解をすべて求めよ。

教科書
**p.108**　(1)　$13x+3y=1$　　　　　　　(2)　$51x+16y=3$

- - - - - - - - - - - - - - - - - - - - - - - - - - - - - - - - - -

**ガイド**　与えられた不定方程式を満たす解の1つをこの不定方程式の**特殊解**という。特殊解を1つ見つければ、それを用いて整数解を一般解の形で表すことができる。

**解答**　(1)　$13×1+3×(-4)=1$ であるから、$13x+3y=1$ を満たす整数解の1つは、$x=1$, $y=-4$ である。そこで、

$$13x+3y=1 \quad \cdots\cdots①$$
$$13×1+3×(-4)=1 \quad \cdots\cdots②$$

　　　　　　として、①-② より、$13(x-1)+3(y+4)=0$, すなわち、

$$13(x-1)=3(-y-4) \quad \cdots\cdots ③$$

ここで，13 と 3 は互いに素であるから，$x-1$ は 3 の倍数である。したがって，$n$ を整数として，

$$x-1=3n, \quad すなわち， \quad x=3n+1$$

このとき，③より，

$$13n=-y-4, \quad すなわち， \quad y=-13n-4$$

よって，求める整数解は，

$$\boldsymbol{x=3n+1, \ y=-13n-4 \quad (n \text{ は整数})}$$

(2)　$51×1+16×(-3)=3$ であるから，$51x+16y=3$ を満たす整数解の 1 つは，$x=1,\ y=-3$ である。そこで，

$$51x \ +16y \quad =3 \quad \cdots\cdots ①$$
$$51×1+16×(-3)=3 \quad \cdots\cdots ②$$

として，①−②より，$51(x-1)+16(y+3)=0$，すなわち，

$$51(x-1)=16(-y-3) \quad \cdots\cdots ③$$

51 と 16 は互いに素であるから，$x-1$ は 16 の倍数である。
したがって，$n$ を整数として，

$$x-1=16n, \quad すなわち， \quad x=16n+1$$

このとき，③より，

$$51n=-y-3, \quad すなわち， \quad y=-51n-3$$

よって，求める整数解は，

$$\boldsymbol{x=16n+1, \ y=-51n-3 \quad (n \text{ は整数})}$$

⚠️注意1　特殊解の選び方で一般解を表す式の形は変わる。

(1)　$13×(-2)+3×9=1$ であるから，$x=-2,\ y=9$ を特殊解とすると，　$13(x+2)+3×(y-9)=0$

すなわち，　$13(x+2)=3(9-y)$

一般解は，$x=3n-2,\ y=-13n+9$（$n$ は整数）と表される。

⚠️注意2　特殊解を探すことが難しくなる場合，ユークリッドの互除法の計算を逆にたどる方法を利用するとよい。

(例)　$17x+24y=1$

$24=17×1+7,\ 17=7×2+3,\ 7=3×2+1$ より，

$1=7-3×2,\ 3=17-7×2,\ 7=24-17×1$ であるから，

$1=7-(17-7×2)×2=17×(-2)+7×5$

$=17×(-2)+(24-17×1)×5=17×(-7)+24×5$

**問 11**　1個 70 円と 130 円のお菓子がある。これらを詰め合わせて，合計で
教科書 1490 円にしたい。それぞれ何個ずつ詰め合わせればよいか。
**p.109**

- - - - - - - - - - - - - - - - - - - - - - - - - - - - - - - - - - - - -

**ガイド**　それぞれのお菓子の個数を $x$, $y$ とすると，$70x+130y=1490$
すなわち，$7x+13y=149$　この不定方程式の 0 以上の整数解を求め
る。右辺の数 149 が大きいので，7，13 が互いに素であることに着目
し，まず右辺が 1 のときの特殊解を考える。

**解答**　1個 70 円のお菓子を $x$ 個，130 円のお菓子を $y$ 個詰め合わせるとす
ると，　　$70x+130y=1490$

両辺を 10 で割って，　$7x+13y=149$　……①

この不定方程式を満たす 0 以上の整数 $x$, $y$ を求めればよい。

ここで，7，13 は互いに素であるから，

不定方程式 $7p+13q=1$ を考えると，

$p=2$, $q=-1$ のとき，

　　　$7\times2+13\times(-1)=1$　となる。

この両辺を 149 倍すると，

　　　$7\times298+13\times(-149)=149$　……②

①$-$② より，$7(x-298)+13(y+149)=0$　すなわち，

　　　$7(x-298)=13(-y-149)$

7 と 13 は互いに素であるから，$n$ を整数として，

　　　$x-298=13n$　　　　したがって，　$x=13n+298$

このとき，$7n=-y-149$　すなわち，　$y=-7n-149$

$x$, $y$ は 0 以上の整数であるから，

　　　$13n+298\geqq0$　かつ　$-7n-149\geqq0$

この不等式より，　$-\dfrac{298}{13}\leqq n\leqq-\dfrac{149}{7}$

　　　　　　　　　$-22.9\cdots\leqq n\leqq-21.2\cdots$

$n$ は整数であるから，　$n=-22$

したがって，　$x=13\times(-22)+298=12$

　　　　　　　$y=-7\times(-22)-149=5$

よって，**1個 70 円のお菓子を 12 個，130 円のお菓子を 5 個**詰め合
わせればよい。

第 3 章　数学と人間の活動

# 3 地球を測る

**問12**

教科書 **p.110**

ある球状の惑星で，200 km 離れて2本の棒を立てたところ，同じ時刻において，1本は影がなくて，もう一方は 20 m の棒に対して影の長さが 1.4 m であった。この惑星の半径を求めよ。ただし，0.07＝tan4° とする。

**ガイド** 例11の図にならって，条件を図に表すことから始める。200 km の長さの弧と，その弧に対する中心角から，惑星の半径を求める。中心角の大きさは，棒とその影の長さをもとにして考える。

**解答** 右の図のように，惑星の中心を O，影を線分 AB，棒を線分 AC で表す。

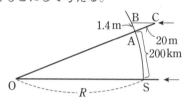

影がない棒の地点をSとする。

∠CAB＝90° であるから，

$$\tan \angle ACB = \frac{AB}{AC} = \frac{1.4}{20} = 0.07$$

すなわち，　∠ACB＝4°

また，BC∥OS より，　∠AOS＝∠ACB＝4°

よって，求める惑星の半径を $R$ km とすると，

$$2\pi R \times \frac{4}{360} = 200 \quad \text{より，} \quad R = \frac{9000}{\pi} = 2866.24 \cdots \text{(km)}$$

この惑星の半径は，**およそ 2866 km**

---

**問13**

教科書 **p.111**

地点Pから，基地A，基地Bまでの距離が，それぞれ 100 km，150 km とわかったとする。このとき，地点Pの位置の候補は，基地Aを中心とする半径 100 km の円と，基地Bを中心とする半径 150 km の円の交点の

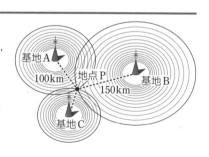

2点である。そこで，他の基地Cからの距離もわかれば，地点Pの位置を特定することができる。

地点Pの位置を1つに特定するためには，3つの基地はどのような位置関係にあるべきか。

**ガイド**　2つの円の交点の2点のうちから，どちらか1点に特定できることが条件となる。

**解答**　基地 A，B，C をそれぞれ中心とする3つの円が，ただ1点で交わるとき，その交点を地点Pの位置と特定することができる。

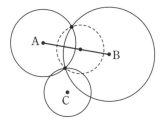

　　2円 A，B の2つの交点のどちらの点も，円Cが通るとき，特定できない。
このとき，3つの円の中心はどれも，円の2つの交点を結ぶ線分の垂直二等分線上，すなわち，1つの直線上にある。

　　したがって，ただ1つに特定するためには，3つの基地が一直線上にない，すなわち，**三角形の3つの頂点の位置にあればよい**。

**問 14**　カーナビや携帯電話に搭載されている GPS は，人工衛星からの電波を受信することで，人工衛星までの距離を測定している。地球の1つの位置を特定するには，何個の人工衛星からの距離がわかればよいか。

教科書 **p.111**

**ガイド**　空間の中で，地点Pから人工衛星Aまでの距離が $a$ km と測定されたとき，点Pは，円ではなく，A を中心とする半径 $a$ km の球面上にある。また，2つの球が交わるとき，その共有点は円になる。

**解答**　地球の1つの位置Pから，人工衛星 A，Bまでの距離が，それぞれ $a$ km，$b$ km と測定されたとき，Pの候補は，A を中心とする半径 $a$ km の球と，B を中心とする半径 $b$ km の球が交わってできる円の周上にある。

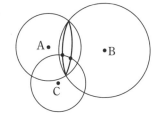

　　そこで，3個目の人工衛星までの距離を測定することで，この円と交わる2点が，P の候補として残る。

　　この2点のうちで，地球という球面上にあるものがPの位置として特定される。他の1点は宇宙空間にあると考えられる。

　　よって，地球の1つの位置を特定するためには，**3個**の人工衛星からの距離がわかればよい。

## 第2節　数学とゲーム・パズル

### 1　石取りゲーム

**問15**

教科書
**p.112**

小石を1段目（上段）に $m$ 個，2段目（下段）に $n$ 個並べ，次のルールにしたがって，2人でその小石を交互に取り合うゲームを考えよう。

> 1．同時に取ることができるのは同じ段の石のみで，1回に1個以上
>   最大何個でも取ることができる。
> 2．最後に石を取った方が勝ちである。

このようなゲームを，2段石取りゲーム $(m, n)$ という。

2段石取りゲーム $(2, 3)$ において，先手が初手で次のように石を取ったとき，後手が勝つことはできるだろうか。

(1)　下段から2つの石を取る　　　(2)　上段から1つの石を取る

----------------------------------------------------------

**ガイド**　1段目だけに，あるいは2段目だけに石を残すと，次の人がそれを全部取って勝者になる。したがって，勝つためには，相手に，どちらか一方の段にだけ石を残さざるを得ないような形をつくって，順番をまわせばよい。

1段目 ●
2段目 ●

**解答**

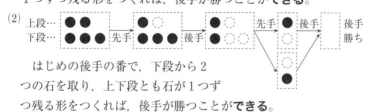

(1)　はじめの後手の番で，上段から
1つの石を取り，上下段とも石が
1つずつ残る形をつくれば，後手が勝つことが**できる**。

(2)　はじめの後手の番で，下段から2
つの石を取り，上下段とも石が1つず
つ残る形をつくれば，後手が勝つことが**できる**。

**⚠注意**　(1)，(2)とも，先手が初手で悪い取り方をしたため，後手が勝つことができた。先手が初手で下段から1つの石を取り，上下段とも2つずつの石の形をつくれば，以降，後手がどのような石の取り方をしても先手は勝てる（教科書 p.112 参照）。

上段… ●●
下段… ●●

上下段の石を同数にして相手に順番をまわすことが勝つ方法である。

ここがポイント 👉

自然数 $m$, $n$ に対し，2段石取りゲーム $(m, n)$ を考えると，
(1) $m \neq n$ ならば，先手必勝である。
(2) $m = n$ ならば，後手必勝である。

**問 16** 3段石取りゲーム $(1, 2, 3)$ において，次の問い

教科書 p.113

に答えよ。

1段目 ●
2段目 ● ●
3段目 ● ● ●

(1) 先手が初手で1段目の石を1つ取ったとする。
後手は勝つためにどのように石を取ればよいだろうか。
(2) 先手が初手で3段目から石を1つ取ったとする。後手は勝つために
どのように石を取ればよいだろうか。
(3) 先手の初手での取り方をすべて列挙せよ。
(4) 3段石取りゲーム $(1, 2, 3)$ は後手必勝であることを示せ。

- - - - - - - - - - - - - - - - - - - - - - - - - - - - - - - - - - -

**ガイド** (1) 石取りゲーム $(2, 3)$ に変わった。後手必勝の形になる。
(2) 2段に，しかも，上下同数の形をつくればよい。
(3) 1段目から取る，2段目から取る，3段目から取る，それぞれど
んな石の取り方があるか調べる。
(4) 先手がどんな石の取り方をしても，
後手が2段同数にできることを示す。

**解答** (1)

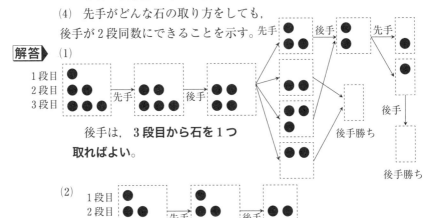

後手は，**3段目から石を1つ
取ればよい。**

後手勝ち

後手勝ち

(2)
1段目 ●
2段目 ● ●
3段目 ● ● ● → 先手 → ● ●／● ● → 後手 → ● ●／● ● 後手勝ち

後手は，1段目の石を1つ取れば，2個ずつ2段の形がつくれて，
(1)の後半と同様に，勝つことができる。

よって，後手は，**1段目の石を1つ取ればよい。**

(3)

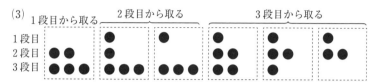

先手の初手での取り方は，図のように6通りある。列挙すると

(ⅰ) **1段目の石を1つ取る**　　(ⅱ) **2段目から石を1つ取る**

(ⅲ) **2段目から石を2つ取る**　(ⅳ) **3段目から石を1つ取る**

(ⅴ) **3段目から石を2つ取る**　(ⅵ) **3段目から石を3つ取る**

(4) (3)のすべての場合で，続く後手は，上下の2段の石を同数にすることができて，必勝となる。(1)(=(ⅰ))，(2)(=(ⅳ))を除くと，

(ⅱ)　3段目から石を3つ取る　　(ⅲ)　3段目から石を2つ取る

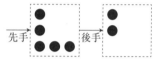　

(ⅴ)　2段目から石を2つ取る　　(ⅵ)　2段目から石を1つ取る

　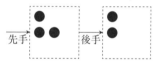

# 2　マスの敷き詰め

**問 17** 次の図形はドミノで敷き詰めることができるか。

教科書
**p.115** (1) 　(2) 　(3)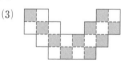

--------------------------------------------------

**ガイド**　2つの単位正方形からできる長方形のタイルをドミノという。このドミノを，平面図形の上に，重ねず，すきまなく敷き詰めることを考える。

また，問の図のように，すべてのマスを白と黒の2色で交互に塗り分けた図形を市松模様という。市松模様にドミノを置くと，ドミノは必ず白と黒のマスを1つずつ覆う。

**ここがポイント** 👉

**［定理1］**

　ある図形がドミノで敷き詰め可能ならば，そのマスの個数は偶数である。

**［定理2］**

　ある図形がドミノで敷き詰め可能ならば，その図形を市松模様に塗り分けたとき，2色のマスの個数は等しい。

(1)～(3)の図形のマスの個数はどれも偶数ではある。

(1)　2色のマスの個数は，異なる。

(3)　2色のマスの個数は等しいが，ドミノで敷き詰めることができない例。実際に並べ始めてみよう。

**解答▶**

(1)　白のマスは3個，黒のマスは5個である。○のマスへのドミノの置き方は1通りしかないが，○のマスが2つきて，敷き詰めることが**できない**。

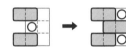

(2)　白のマスも，黒のマスも5個で同数であり，右の図のように敷き詰めることが**できる**。

(3)　白のマスも，黒のマスも10個で同数であるが，右の図のように，左上すみ4マスに置くと，○のマスが2つできてしまい，敷き詰めることが**できない**。

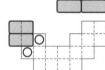

**✓問 18**

教科書
**p.115**

次の □ に，「必要条件である」，「十分条件である」，「必要十分条件である」，「必要条件でも十分条件でもない」のうち，最も適するものを入れよ。

(1)　図形$X$を白と黒の市松模様に色分けしたとき，$X$の白マスと黒マスの個数が等しいことは，$X$がドミノで敷き詰められるための □。

(2)　図形$X$を縦が$m$個，横が$n$個の単位正方形のマスからなる長方形とするとき，$X$のマス目の総数$mn$が偶数であることは，$X$がドミノで敷き詰められるための □。

**ガイド** 2つの条件 $p$, $q$ について命題「$p \Longrightarrow q$」が真であるとき,

$p$ は, $q$ であるための**十分条件**である

$q$ は, $p$ であるための**必要条件**である

という。

$$\boxed{\begin{array}{c} p \Longrightarrow q \\ \text{十分条件} \quad \text{必要条件} \end{array}}$$

命題が偽であるときは, 反例を1つ示す。

**解答** (1) 図形 $X$ を白と黒の市松模様で色分けしたとき,

命題「白マスと黒マスの個数が等しい

$\Longrightarrow$ ドミノで敷き詰められる」は偽。反例:問 17(3)

命題「ドミノで敷き詰められる

$\Longrightarrow$ 白マスと黒マスの個数が等しい」は真。(定理2)

よって, $X$ の白マスと黒マスの個数が等しいことは, $X$ がドミノで敷き詰められるための**必要条件である**。(十分条件ではない)

(2) 図形 $X$ が縦が $m$ 個, 横が $n$ 個の単位正方形のマスからなる長方形のとき,

命題「マス目の総数 $mn$ が偶数 $\Longrightarrow$ ドミノで敷き詰められる」は真。

$mn$ が偶数であるとき, $m$, $n$ の少なくとも一方は偶数である。$m = 2k$ ($k$ は自然数)とすると, 図形 $X$ の縦に, $k$ 個のドミノを縦長に置くことで, $X$ を敷き詰めることができる。

命題「ドミノで敷き詰められる $\Longrightarrow$ マス目の総数 $mn$ が偶数」は真。(定理1)

よって, $X$ のマス目の総数 $mn$ が偶数であることは, $X$ がドミノで敷き詰められるための**必要十分条件である**。

# 章末問題

☑ **1**
教科書
**p.116**

　たくさんのコインが詰まった袋 A, B, C, D, E がある。袋の中には
それぞれ，本物のコインか偽物のコインだけが入っている。本物のコイン
は 1 枚 10 g だが，偽物のコインは 1 枚 11 g である。A から 1 枚，B
から 2 枚，C から 4 枚，D から 8 枚，E から 16 枚のコインを取り出し，
重さを量ると 335 g だった。偽物のコインが入っている袋をすべて答え
よ。

**ガイド**　はじめに，取り出したコインの中に含まれる偽物の枚数を求め，そ
の枚数を 1, 2, 4, 8, 16 のうちのいくつかの数の和で表すことを考え
る。二進法が利用できる数であることに注目する。

**解答**　コインはすべてで 31 枚ある。
　もし，すべての袋に 10 g のコインのみ入っているならば，コインの
重さの合計は，$10 \times 31 = 310$ (g) である。
　いま，重さが 335 g であったので，11 g であるコインの枚数は，
$335 - 310 = 25$ より，25 枚である。
　25 を二進法で表すと，
$25 = 1 \times 2^4 + 1 \times 2^3 + 0 \times 2^2 + 0 \times 2 + 1$ より，$11001_{(2)}$
　このことから，11 g のコインが 25 枚となるのは，
**A, D, E の袋に偽物のコインが入っているときである。**

```
2) 25
2) 12 … 1
2)  6 … 0
2)  3 … 0
    1 … 1
```

☑ **2**
教科書
**p.116**

　25 で割ると 3 余り，8 で割ると 7 余る 4 桁の正の整数の中で最小のも
のを求めよ。

**ガイド**　条件を整理すると，二元一次不定方程式として表すことができる。
その一般解を求め，条件に合うものを探す。

**解答**　求める正の整数を $a$ とすると，$x$, $y$ を負でない整数として，
　　$a = 25x + 3$　かつ　$a = 8y + 7$
と表すことができる。
　　　$25x + 3 = 8y + 7$ より，　$25x - 8y = 4$ ……①
　　$25x - 8y = 1$ の整数解の 1 つは $x = 1$, $y = 3$ であるから，
　　　$25 \times 1 - 8 \times 3 = 1$
　　両辺に 4 を掛けると，　$25 \times 4 - 8 \times 12 = 4$ ……②

よって，①－② より，

　25$(x-4)-8(y-12)=0$

すなわち，　　25$(x-4)=8(y-12)$

25 と 8 は互いに素であるから，$x-4$ は 8 の倍数である。

したがって，$n$ を整数として，

　$x-4=8n$　すなわち，　　$x=8n+4$

このとき，　　$a=25(8n+4)+3=200n+103$

$200n+103$ が 4 桁で最小となるのは，$n=5$ のときである。

よって，求める 4 桁の整数は，

　$200×5+103=\mathbf{1103}$

---

**☑ 3**
教科書
**p.116**
　江戸時代の日本の数学には，「和算」とよばれる独自の文化があった。その原点となる書物が，1631 年に吉田光由（みつよし）によって書かれた「塵劫記（じんこうき）」である。

　次の問題は，塵劫記に掲載されている問題の中の 1 問を現代のことばでおき換えたものである。この問題を解け。

　「樽（たる）の中にある 10 升（しょう）の油を，7 升入る枡（ます）と 3 升入る枡だけを用いて 2 人に 5 升ずつ分けるには，どのようにすればよいか。」

**ガイド**　樽に 8 升，7 升入る枡に 2 升入っている形をつくる。2 升のつくり方は，3 升×3－7 升 を利用する。

**解答**　① 樽の 10 升の油から，3 升入る枡にいっぱいまで入れて，7 升入る枡に移す。繰り返すと，3 回目で，7 升入る枡がいっぱいになり，3 升入る枡には油が 2 升残る。

　② 7 升の枡に入っている 7 枡の油を樽に戻すと，樽には 8 升の油が入る。空になった 7 升入る枡に，3 升入る枡に残っていた 2 升の油を入れる。3 升入る枡は空になる。

　③ 樽の 8 升の油から，3 升入る枡にいっぱいまで入れて，7 升入る枡に移す。

　④ 樽と，7 升入る枡のそれぞれに 5 升の油が入っている。

　　これを 2 人に 5 升ずつ分ける。

**4**
教科書 p.116

右の図のような9つのマス目の中に，1から9までの異なる整数を，縦，横，ななめに並ぶ数の和がどれも等しくなるように入れていく。このとき，次の問いに答えよ。

(1) 中央のマス目に入る数を求めよ。

(2) 4つのかどのマス目に入る数は，すべて偶数であることを示せ。

**ガイド** (1) 3×3の魔方陣についての問題。中央のマス目の数は，縦，横各1列と斜めの2列，計4列の3数の和に出てくる。その総和には，残り8マスの数が1回ずつ数えられるので，これを利用する。

(2) 背理法（数学Ⅰ）を用いる。少なくとも1つは奇数であると仮定すると矛盾が生じることを示す。

**解答** (1) すべてのマス目の数の総和は

$$1+2+3+4+5+6+7+8+9=45$$

となる。

そこで，条件から，縦，横，斜めに並ぶ数の和はどれも等しくなるので，どの1列に対しても，$45\div3=15$ となることがわかる。

このとき，右の図のように，9マスを $a$, $b$, $c$, $d$, $e$, $f$, $g$, $h$, $i$ とおくと，中央のマス目に入る数は $e$ であり，$e$ を含む縦1列，横1列，斜め2列の和は全部で $15\times4=60$ である。

| $a$ | $d$ | $g$ |
|---|---|---|
| $b$ | $e$ | $h$ |
| $c$ | $f$ | $i$ |

また，これは，

$$(d+e+f)+(b+e+h)+(a+e+i)+(g+e+c)$$
$$=3e+(a+b+c+d+e+f+g+h+i)$$
$$=3e+45$$

となるので，$3e+45=60$ すなわち，$e=5$

よって，中央のマス目に入る数は，**5**

(2) (1)から，この3×3の魔方陣は，右の図のようになる。

| $a$ | $d$ | $g$ |
|---|---|---|
| $b$ | 5 | $h$ |
| $c$ | $f$ | $i$ |

たとえば，$a+5+i=15$ より，$a+i=10$ となるので，$(a, i)$ の候補は，

$(a,\ i)=(1,\ 9),\ (2,\ 8),\ (3,\ 7),\ (4,\ 6),\ (6,\ 4),\ (7,\ 3),$
$(8,\ 2),\ (9,\ 1)$

がある。

そこで，4つのかどに書き込む数は，少なくとも1つは奇数で
あると仮定する。

(i) $(a,\ i)=(1,\ 9)$ のとき

$c+f=6$ となるので，すでに $a=1$ であるから，

$(c,\ f)=(2,\ 4),\ (4,\ 2)$ が考えられる。

$(c,\ f)=(2,\ 4)$ のとき，$b=12$ となり，

これは $1\leqq b\leqq 9$ に矛盾する。

$(c,\ f)=(4,\ 2)$ のとき，$b=10$ となり，

これは $1\leqq b\leqq 9$ に矛盾する。

(ii) $(a,\ i)=(9,\ 1)$ のとき

(i)と同様に矛盾する。

(iii) $(a,\ i)=(3,\ 7)$ のとき

$c+f=8$ となるので，$(c,\ f)=(2,\ 6),$
$(6,\ 2)$ が考えられる。

$(c,\ f)=(2,\ 6)$ のとき，$b=10$ となり，

これは $1\leqq b\leqq 9$ に矛盾する。

$(c,\ f)=(6,\ 2)$ のとき，$b=6$ となり，

$c=b=6$ となって，$c$ と $b$ が異なる整数であることに矛盾する。

(iv) $(a,\ i)=(7,\ 3)$ のとき

(iii)と同様に矛盾する。

$(c,\ g)$ についても同様であるから，4つのかどのマス目に入る数
は，すべて偶数である。

⚠注意 例えば，(2)の $(a,\ i)=(2,\ 8)$ を使うと，右のよう
な魔方陣ができる。

| 2 | 9 | 4 |
|---|---|---|
| 7 | 5 | 3 |
| 6 | 1 | 8 |

# 探究編

## 正の約数の個数

**挑戦 1**　2520 の正の約数のうち，偶数は何個あるか。

教科書
**p.119**
- - - - - - - - - - - - - - - - - - - - - - - - - - - - - - - - - -

**ガイド**　一般に，自然数 $N$ が，$N=a^p b^q c^r \cdots\cdots$ と素因数分解されるとき，$N$ の約数（正の約数）の個数を $n$ とすると，

$$n=(p+1)(q+1)(r+1)\cdots\cdots$$

ただし，正の約数のうち，偶数であるものには，素因数 2 が必ず含まれていることに注意する。

**解答**　2520 を素因数分解すると，

$$2520=2^3 \times 3^2 \times 5 \times 7$$

2520 の正の約数のうち，偶数であるものは，$2^3$ の正の約数の中で偶数であるものと，$3^2$ の正の約数，5 の正の約数，7 の正の約数をそれぞれ 1 つずつ選び，それらの積で表したもの全体と 1 対 1 に対応する。

　$2^3$ の正の約数の中で偶数であるものは，2，$2^2$，$2^3$ の 3 個

　3 の正の約数は，1，3，$3^2$ の 3 個

　5 の正の約数は，1，5 の 2 個

　7 の正の約数は，1，7 の 2 個

よって，2520 の正の約数のうち，偶数の個数は，

$$3 \times 3 \times 2 \times 2 = 36 \text{（個）}$$

---

**多様性を養おう**

教科書
**p.119**　600 の正の約数の総和を求めてみよう。また，600 の正の約数のうち，偶数であるものの総和を求めてみよう。

- - - - - - - - - - - - - - - - - - - - - - - - - - - - - - - - - -

**ガイド**　一般に，自然数 $N$ が，$N=a^p b^q c^r \cdots\cdots$ と素因数分解されるとき，$N$ の正の約数の総和は

$$(1+a+\cdots\cdots+a^p)(1+b+\cdots\cdots+b^q)(1+c+\cdots\cdots+c^r)\cdots\cdots$$

また，正の約数のうち，偶数であるものの総和では，$a=2$ であり，展開式から，奇数の項が除かれた場合を考えればよい。

**解答**　教科書 119 ページの例題でみたように，600 の正の約数は，$2^3$ の正の約数，3 の正の約数，$5^2$ の正の約数をそれぞれ 1 つずつ選び，それらの積で表したもの全体と 1 対 1 に対応する。

　したがって，600 の正の約数は，次の積を展開したときの項の中にすべて現れる。

$$(1+2+2^2+2^3)(1+3)(1+5+5^2)$$

　よって，600 の正の約数の総和は，

$$(1+2+2^2+2^3)(1+3)(1+5+5^2)=15\times4\times31=\mathbf{1860}$$

　同様に考えると，600 の正の約数のうち，偶数であるものは，次の積を展開したときの項の中にすべて現れる。

$$(2+2^2+2^3)(1+3)(1+5+5^2)$$

　よって，600 の正の約数のうち，偶数であるものの総和は，

$$(2+2^2+2^3)(1+3)(1+5+5^2)=14\times4\times31=\mathbf{1736}$$

## 立体の塗り分け

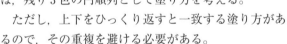 正三角柱の 5 つの面を，異なる 5 色すべてを使って塗り分ける方法は

教科書
**p.121** 何通りあるか。

**ガイド**　正三角柱では，底面と側面を区別することができる。まず，2 つの底面に 5 色から選んだ 2 色を塗り，側面は，残り 3 色の円順列として塗り方を考える。

　ただし，上下をひっくり返すと一致する塗り方があるので，その重複を避ける必要がある。

**解答**　正三角柱の 2 つの底面は，側面と形が異なるため，区別することができる。そこで，まずは 1 つの底面に 1 色目を塗る。

　すると，その向かい合う面に塗る色は，底面で使用した色以外の 4 色のいずれかである。

　そして，残りの 3 つの側面への色の塗り方は，円順列として考えることができる。

　ここで，底面の色の塗り方は 5 通りあり，向かい合う面に塗る色は，底面を塗った色以外の 4 通りである。

　そして，残りの 3 つの側面を円順列の考え方にしたがって異なる 3 色で塗る。

　また，2つの底面の色が逆で，側面の色の並び方が右回りと左回り
で同じ塗り方は，ひっくり返すと一致する。

　よって，求める塗り方の総数は，

$$5 \times 4 \times (3-1)! \div 2 = 5 \times 4 \times 2 \div 2 = 20 \,(\text{通り})$$

⚠注意　2つの底面を区
別して，5色をA，
B，C，D，Eとす
ると，右の2通り
の塗り方は異なる
が，上下をひっく
り返して，⬇と⬆
の見方をすると，

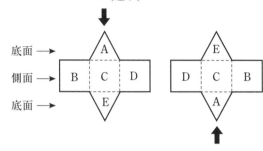

塗り方は一致している。最後の「÷2」に注意する。

---

☐ 多様性を養おう

教科書
p.121
　立方体の6つの面を，次のように塗る方法の総数を求めてみよう。
ただし，同じ色の面が隣り合ってよいものとする。

(1)　異なる5色すべてを使って塗る。

(2)　1つの面を赤色，2つの面を黄色，3つの面を青色で塗る。

(3)　2つの面を赤色，2つの面を黄色，2つの面を青色で塗る。

- - - - - - - - - - - - - - - - - - - - - - - - - - - - - - - - - - - - - - -

ガイド　(1)　5色のうちの1色だけ2つの面に塗る。その面が隣り合うとき，
　　　　　　隣り合わないときの2つの場合(互いに排反)に分けて考える。

　　　　(2)　赤色を塗る面を底面として固定する。2つの面を黄色に塗る方
　　　　　　法を調べれば，青色に塗る3つの面も決まる。

　　　　(3)　何組の向かい合う面に同じ色を塗るか，向かい合う面は同じ色
　　　　　　を塗らないか，この2つの場合を考える。

解答　(1)　6つの面を異なる5色で塗るので，どれか1色は，2つの面に
　　　　　　塗ることになり，その色の選び方は5通りである。

　　　　　　また，その塗り方は，

　　　　　　(i)　塗った面が隣り合うとき

　　　　　　(ii)　塗った面が向かい合うとき

　　　　　の2つに分類される。

探
究
編

(i)のとき

残る4面に1色ずつ塗るから，　　4！＝24

ひっくり返すと同じ塗り方が2通りずつあ

るから，　　24÷2＝12

(ii)のとき

残る4面を円順列として考えると，

(4−1)！＝6

ひっくり返すと同じ塗り方が2通りずつあ

るから，　　6÷2＝3

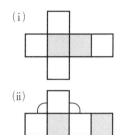

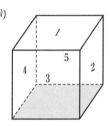

以上より，求める塗り方の総数は，和の法則より

5×(12＋3)＝**75 (通り)**

(2) まず，どれか1面に赤を塗り，それを底
面として下に置く。次に，黄色を2つの面
に塗ることを考える。

　赤を塗った面と向かい合う面を「1」とし
て，側面にも「2」「3」「4」「5」と番号をつ
けたとき，回転して同じものにならない黄色の面の塗り方は，

　　(1, 2) (上面，側面)

　　(2, 3) (側面について隣り合う)

　　(2, 4) (側面について対面を塗る)

のみの3通りである。残りの3つの面は青色で塗ればよい。

　　よって，求める塗り方の総数は，　　**3 通り**

(3) 向かい合う面を同じ色に塗る組数に関して，次のように考える。

　(i) 3組の向かい合う面がそれぞれ同じ色になるのは，1通り
　　である。

　(ii) 1組の向かい合う面のみ同じ色のとき，残りの2色は対面
　　に塗れないので，向かい合う面に塗る同じ色を固定すれば，
　　塗り方は1通りに定まる。よって，求める塗り方の総数は，
　　向かい合う面にどの色を塗るかの3通り

　(iii) 向かい合う面の色がすべて異なるとき，上の図の下に置い
　　た底面を「6」とすると，回転しても同じにならないのは，

　　　○赤 (1, 2)，青 (3, 4)，黄 (5, 6)

　　　○赤 (1, 2)，青 (3, 6)，黄 (4, 5)　の2通り

以上より，求める塗り方の総数は，1＋3＋2＝**6 (通り)**

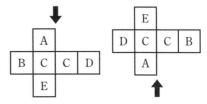

**⚠注意** (1)　右の2通りの塗り方は，
上下をひっくり返すと一致
する。

(3)　2組の向かい合う面が同
じ色のとき，残りの1組の

向かい合う面も同じ色になってしまうので，(i)に含まれる。

## 最短経路の総数

**📝挑戦3**　右の図のように，東西に5本，南北に7本
教科書
**p.123**　の格子状の道がある。これらの道を通って，
A から B まで最短距離で移動するとき，次の
ような道順は全部で何通りあるか。

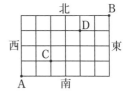

(1)　途中で C を通って，D は通らない道順

(2)　角を曲がる回数が3回である道順

- - - - - - - - - - - - - - - - - - - - - - - - - - - - - - - - -

**🧭ガイド**　東へ1区画進むことを→，北へ1区画進むことを↑と表し，6個の
→と4個の↑を並べた順列におき換えて，それぞれの条件を満たす道
順の総数を考える。

(1)　A→C→B の道順の総数と，A→C→D→B の道順の総数の差
として求めることができる。

(2)　→↑または↑→の並びがちょうど3か所できる順列を考える。
↑→↑や，→↑→の並びは，ここだけで，角を曲がる回数が2回
になることに注意する。

**📘解答**　(1)　A から C を通って B まで最短距離で移動する道順の総数は，

$$\frac{3!}{2!1!} \times \frac{7!}{4!3!} = 105 \,(通り)$$

また，A から C と D を通って B まで最短距離で移動する道順の

総数は，$\dfrac{3!}{2!1!} \times \dfrac{4!}{2!2!} \times \dfrac{3!}{2!1!} = 54 \,(通り)$

よって，求める道順の総数は，$105 - 54 = \mathbf{51}\,(\mathbf{通り})$

(2)　6個の→と4個の↑を並べたとき，

→↑または↑→　　……①

のいずれかが3回起こればよい。

6個の→を並べる場合の数は1通りである。

次に，$x \to a \to b \to c \to d \to e \to y$ のように，両端を $x$，$y$ と
おき，→ と → の間を $a$，$b$，$c$，$d$，$e$ とおくと，$x$ または $y$ のいず
れか1つに↑を1個配置したとき，①が1回起こる。

これは $_2C_1 = 2$（通り）である。

そして，$a$，$b$，$c$，$d$，$e$ のいずれか1つに↑を1個配置したと
き，①が2回起こる。これは $_5C_1 = 5$（通り）である。

つまり，これで角を3回曲がったことになる。

残りの2個の↑はすでに↑を配置した2ヶ所（それを $X$，$Y$ と
よぶ）に配置すればよいから，

「$X$ に2個，$Y$ に0個」，「$X$ に1個，$Y$ に1個」，「$X$ に0個，$Y$
に2個」の3通りである。

よって，求める道順の総数は

$$1 \times {}_2C_1 \times {}_5C_1 \times 3 = 30 \text{（通り）}$$

---

☑ 多様性を養おう

教科書 **p.123** A，Bの2チームで試合を行う。ただし，引き分けはないものとする。合
計5試合を行うとき，Aチームの勝ち数がBチームの勝ち数をつねに上
回るような試合経過は何通りあるだろうか。

- - - - - - - - - - - - - - - - - - - - - - - - - - - - - - - - - - - - - - - -

**ガイド** 　Aチームが勝つことを→，Bチームが勝つ
ことを↑で表すと，→の個数がつねに↑の個
数を上回ることから，右の図のような道を，
点Sから，→と↑の個数の和が5個になるよ
うな点①，②，③まで移動する道順を考える。

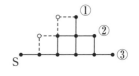

**解答** 　試合を行うとき，Aチームが勝つことを
→，Bチームが勝つことを↑と表すと，Aチ
ームの勝ち数がBチームの勝ち数をつねに上
回るような試合経過は，右の図のようになる。

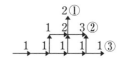

ここで，Aチームが3勝2敗となるのは，図の①に移動する場合で
あり，その道順の総数は2通りである。

　　また，Aチームが4勝1敗となるのは，図の②に移動する場合であり，その道順の総数は3通りである。

　　そして，Aチームが5勝0敗となるのは，図の③に移動する場合であり，その道順の総数は1通りである。

　　よって，求める場合の数は，　　2+3+1=6（**通り**）

**⚠注意**　Aチームの勝ちを○，負けを×で表して勝敗を書き出すと，

　　　○○○××　　○○×○×　　○○○○×　　○○○×○
　　　○○×○○　　○○○○○

　　の6通りある。

## 同様に確からしいとは？

**▨問**

教科書
**p.125**

赤玉2個，青玉3個，白玉4個の合計9個の入った袋から，2個の玉を同時に取り出すとき，2個とも同じ色になる確率を求めよ。

**ガイド**　2個の赤玉，3個の青玉，4個の白玉をそれぞれ区別して，それぞれの玉を取り出すことを，赤$_1$，赤$_2$，青$_1$，青$_2$，青$_3$，白$_1$，白$_2$，白$_3$，白$_4$と表し，すべての場合を列記することで，9個の玉から2個の玉を取り出す試行における根元事象がすべて同様に確からしいと示すことができる。ただし，ここでは，これまでの学習で体験したように，簡便な計算で場合の数を求めることでよい。

**解答▶**　9個の玉から同時に2個の玉を取り出す場合の数は，$_9C_2$通りあり，これらは同様に確からしい。2個とも同じ色になる場合の数は，

　　2個の赤玉から2個取り出す，　　$_2C_2$ 通り

　　3個の青玉から2個取り出す，　　$_3C_2$ 通り

　　4個の白玉から2個取り出す，　　$_4C_2$ 通り

であり，和の法則より，　　$_2C_2+_3C_2+_4C_2$（通り）

よって，求める確率は，　　$\dfrac{_2C_2+_3C_2+_4C_2}{_9C_2}=\dfrac{1+3+6}{36}=\dfrac{5}{18}$

**▨挑戦4**

教科書
**p.127**

赤玉8個と白玉4個が入っている袋から，玉を1つずつ順番に3個取り出し，その順番で1列に並べるとき，3個とも同じ色からなる列ができる確率を求め，教科書41ページの例題10と比較せよ。

**ガイド**　教科書 p.41 の例題 10 では，同じ袋から，「3 個の玉を同時に取り出すとき」，3 個とも同じ色になる確率を，次のように求めた。

$$\frac{{}_8\mathrm{C}_3}{{}_{12}\mathrm{C}_3}+\frac{{}_4\mathrm{C}_3}{{}_{12}\mathrm{C}_3}=\frac{56}{220}+\frac{4}{220}=\frac{60}{220}=\frac{3}{11}$$

これを「1 つずつ順番に 3 個取り出し，その順番で 1 列に並べる」に変えたとき，${}_{12}\mathrm{C}_3$, ${}_8\mathrm{C}_3$, ${}_4\mathrm{C}_3$ は，それぞれ，${}_{12}\mathrm{P}_3$, ${}_8\mathrm{P}_3$, ${}_4\mathrm{P}_3$ に変わる。一般に，${}_n\mathrm{P}_r={}_n\mathrm{C}_r\times r!$ が成り立つことにも注目しよう。

**解答**　12 個の玉から 3 個を取り出して並べる場合の数は，${}_{12}\mathrm{P}_3$ 通りある。

また，同じ色からなる列ができるのは，(i)　赤赤赤

(ii)　白白白のいずれかであり，(i)は ${}_8\mathrm{P}_3=8\cdot7\cdot6$ (通り)，(ii)は

${}_4\mathrm{P}_3=4\cdot3\cdot2$ (通り) であるから，同じ色からなる列ができる場合の数は，　${}_8\mathrm{P}_3+{}_4\mathrm{P}_3$ (通り)

よって，求める確率は，$\dfrac{{}_8\mathrm{P}_3+{}_4\mathrm{P}_3}{{}_{12}\mathrm{P}_3}=\dfrac{8\cdot7\cdot6+4\cdot3\cdot2}{12\cdot11\cdot10}=\dfrac{3}{11}$

これは，教科書 p.41 の例題 10 で求めた確率と同じである。

---

　□柔軟性を養おう

教科書
**p.127**　　教科書 41 ページの例題 10 と，上の挑戦 4 で，それぞれの根元事象は何だろうか。また，いずれのケースでも，根元事象は同様に確からしいことを確かめてみよう。

- - - - - - - - - - - - - - - - - - - - - - - - - - - - - - - - - - - - -

**ガイド**　復習しておく。ある試行において，全事象 $U$ の 1 個の要素だけからなる部分集合で表される事象を**根元事象**という。全事象に含まれる根元事象のどれが起こることも同じ程度に期待できるとき，これらの根元事象は**同様に確からしい**という。

**解答**　例題 10 の解における全事象を $U_1$ とすると，

$U_1=\{(赤_1,\ 赤_2,\ 赤_3),\ (赤_1,\ 赤_2,\ 赤_4),\ \cdots\cdots,\ (白_2,\ 白_3,\ 白_4)\}$

であり，$U_1$ に含まれる ${}_{12}\mathrm{C}_3=220$ (個) の根元事象

$\{(赤_1,\ 赤_2,\ 赤_3)\},\ \{(赤_1,\ 赤_2,\ 赤_4)\},\ \cdots\cdots,\ \{(白_2,\ 白_3,\ 白_4)\}$

は同様に確からしい。

　一方，挑戦 4 の解における全事象を $U_2$ とすると，

$U_2=\{(赤_1,\ 赤_2,\ 赤_3),\ (赤_1,\ 赤_3,\ 赤_2),\ (赤_2,\ 赤_1,\ 赤_3),$

$(赤_2,\ 赤_3,\ 赤_1),\ (赤_3,\ 赤_1,\ 赤_2),\ (赤_3,\ 赤_2,\ 赤_1),\ \cdots\cdots,$

$(白_4,\ 白_3,\ 白_2)\}$

であり，$U_2$ に含まれる $_{12}P_3 = 1320$（個）の根元事象

$\{(赤_1,\ 赤_2,\ 赤_3)\}$, $\{(赤_1,\ 赤_3,\ 赤_2)\}$, $\{(赤_2,\ 赤_1,\ 赤_3)\}$,

$\{(赤_2,\ 赤_3,\ 赤_1)\}$, $\{(赤_3,\ 赤_1,\ 赤_2)\}$, $\{(赤_3,\ 赤_2,\ 赤_1)\}$,

……, $\{(白_4,\ 白_3,\ 白_2)\}$

は同様に確からしい。ここで，例題 10 の解における根元事象

$\{(赤_1,\ 赤_2,\ 赤_3)\}$ は，挑戦 4 の解では $U_2$ の部分集合

$(赤_1,\ 赤_2,\ 赤_3)$, $(赤_1,\ 赤_3,\ 赤_2)$, $(赤_2,\ 赤_1,\ 赤_3)$,

$(赤_2,\ 赤_3,\ 赤_1)$, $(赤_3,\ 赤_1,\ 赤_2)$, $(赤_3,\ 赤_2,\ 赤_1)\}$

に対応する。同様に，例題 10 の解における他の根元事象も，挑戦 4 の解では $3! = 6$（個）の根元事象からなる $U_2$ の部分集合に対応している。すなわち，$U_2$ に含まれる 1320 個の根元事象を 6 つずつに分類してまとめたものが，$U_1$ に含まれる 220 個の根元事象である。

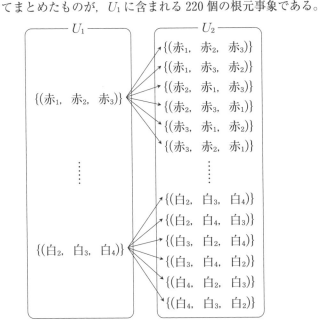

# 反復試行の応用

**挑戦 5**　正六角形 ABCDEF の頂点Aを出発し，各頂点を動く点Pがある。

教科書 p.129　さいころを投げて 2 以下の目が出たときは時計回りに 1 つ進み，それ以外の目が出たら反時計回りに 2 つ進む。さいころを 6 回投げるとき，点Pが頂点Aにある確率を求めよ。

- - - - - - - - - - - - - - - - - - - - - - - - - - - - - - - - - - - -

**ガイド**　点Pが頂点Aを出発し，さいころを 6 回投げた後，頂点Aに戻るには，頂点Aから時計回り，あるいは反時計回りに，6 の整数倍だけ進めばよい。6 回のうち何回 2 以下の目が出る場合かを調べ，反復試行の考え方を利用する。

**解答**　右の図のように，時計回りに 1 つ進むことを $+1$，反時計回りに 1 つ進むことを $-1$ とする。

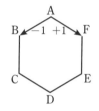

さいころを 6 回投げて，2 以下の目が $x$ 回出たとすると，点Pは頂点Aから，

$$1 \times x + (-2) \times (6-x) = 3x - 12 \quad \cdots\cdots ①$$

だけ進む。

$0 \leq x \leq 6$ であるから，　$-12 \leq 3x-12 \leq 6 \quad \cdots\cdots ②$

このとき，点Pが頂点Aにあるには，①の値が 6 の整数倍であり，かつ，②を満たす値でなければならない。

以下の場合が考えられる。

(i)　$3x-12=-12$ のとき　これを解いて，　$x=0$

(ii)　$3x-12=-6$ のとき　これを解いて，　$x=2$

(iii)　$3x-12=0$ のとき　これを解いて，　$x=4$

(iv)　$3x-12=6$ のとき　これを解いて，　$x=6$

さいころを 1 回投げて，

点Pが時計回りに 1 つ進む確率は $\dfrac{1}{3}$，反時計回りに 2 つ進む確率は $\dfrac{2}{3}$ であるから，(i)〜(iv)より，求める確率は，

$$\small{}_6C_0\left(\frac{1}{3}\right)^0\left(\frac{2}{3}\right)^6 + {}_6C_2\left(\frac{1}{3}\right)^2\left(\frac{2}{3}\right)^4 + {}_6C_4\left(\frac{1}{3}\right)^4\left(\frac{2}{3}\right)^2 + {}_6C_6\left(\frac{1}{3}\right)^6\left(\frac{2}{3}\right)^0$$

$$= \frac{1\times64}{729} + \frac{15\times16}{729} + \frac{15\times4}{729} + \frac{1\times1}{729} = \frac{365}{729}$$

☐ 多様性を養おう

教科書 **p.129** A, Bの2人がじゃんけんを繰り返し行い, 次のルールにしたがって得点を得る。

・2人の最初の得点を0点とし, 負の得点も考える。

・1回のじゃんけんで勝った人は5点を得て, 負けた人は3点を失う。

・あいこのときはどちらも点数を得ることはないが, それも1回のじゃんけんとする。

3回のじゃんけんを行うとき, Aの得点がBの得点をつねに上回る確率を求めてみよう。

- - - - - - - - - - - - - - - - - - - - - - - - - - - - - - - - - - - - - - -

**ガイド** はじめに, A, B2人がじゃんけんを1回したとき, Aが勝つ確率, Bが勝つ確率, あいこになる確率がいずれも $\frac{1}{3}$ であることを確かめる。

1回目にAが勝つと, A5点, B−3点であるが, 2回目にBが勝つと, A(5−3=)2点, B(−3+5=)2点となり, 条件に合わない。2回目は, Aが勝つか, あいこになるかのどちらかである。それぞれで3回目の勝ち負けを考え, 条件に合う場合の数を求める。

**解答** 1回のじゃんけんでAが勝つ事象を $X$, Bが勝つ事象を $Y$, あいことなる事象を $Z$ とする。

まず, 1回のじゃんけんでAが勝つ確率を求める。

1回のじゃんけんでA, Bの手の出し方は, $3^2$ 通りある。

Aが勝つとき, その手の出し方は, グー, チョキ, パーの3通りある。

よって, 1回のじゃんけんでAが勝つ確率は,

$$P(X)=\frac{3}{3^2}=\frac{1}{3}$$

同様に, 1回のじゃんけんでBが勝つ確率は,

$$P(Y)=\frac{1}{3}$$

また, 1回のじゃんけんであいことなる確率は,

$$P(Z)=1-\{P(X)+P(Y)\}=1-\left(\frac{1}{3}+\frac{1}{3}\right)=\frac{1}{3}$$

　　$X$, $Y$, $Z$ が起こる回数をそれぞれ $x$, $y$, $z$ として，それらの組 $(x, y, z)$ について考える。

　　3回のじゃんけんを行ったとき，A の得点が B の得点をつねに上回るためには，1回目と2回目のじゃんけんにおいて，次のようになればよい。

(I)　1回目のじゃんけんでは，A が勝つ。

(II)　2回目のじゃんけんでは，A が勝つか，あいことなる。

　　以上より，3回のじゃんけんにおける $(x, y, z)$ の推移を樹形図で表すと，次のようになる。

　　また，例えば，〈5, −3〉は，A の得点が5点，B の得点が −3点であることを表す。

```
                              ↗ (3, 0, 0) 〈15, −9〉
              (2, 0, 0) ←──── (2, 1, 0) 〈7, −1〉
           ↗  〈10, −6〉       ↘ (2, 0, 1) 〈10, −6〉
(1, 0, 0) ─
〈5, −3〉                      ↗ (2, 0, 1) 〈10, −6〉
           ↘  (1, 0, 1) ←──── (1, 1, 1) 〈2, 2〉
              〈5, −3〉       ↘ (1, 0, 2) 〈5, −3〉
```

(ただし，(1, 1, 1) は題意を満たさず不適)

　　よって，求める確率は，　　$5\left(\dfrac{1}{3}\right)^3 = \dfrac{5}{27}$

## 最大値・最小値の確率

**■挑戦6**　　$n$ を2以上の整数とする。$n$ 個のさいころを同時に投げるとき，出る目の最小値が2となる確率を求めよ。

教科書 **p.131**
- - - - - - - - - - - - - - - - - - - - - - - - - - - - - - - - - - - -

**ガイド**　最小値が2となるには，$n$ 個の目はすべて2以上であるが，2の目が1個でも出ることが大事であり，すべてが3以上である場合を除くという考え方で求める。

**解答**　$n$ 個のさいころを同時に投げる試行において，全事象を $U$ とし，「$n$ 個の目がすべて $k$ 以上」という事象を $C_k$ とする。事象 $C_k$ は，「$n$ 個の目の最小値が $k$ 以上」と言い換えることもでき，

　　　$C_6 \subset C_5 \subset C_4 \subset C_3 \subset C_2 \subset C_1 \subset U$

という包含関係が成り立つ。

よって，求める確率は，

$$P(C_2 \cap \overline{C_3}) = P(C_2) - P(C_3)$$
$$= \left(\frac{5}{6}\right)^n - \left(\frac{4}{6}\right)^n$$
$$= \left(\frac{5}{6}\right)^n - \left(\frac{2}{3}\right)^n$$

**別解** ◢挑戦6 は，条件付き確率の考え方 $P(A \cap B) = P(A)P_A(B)$ を用いて，次のように計算することもできる。

$C_2 \cap C_3 = C_3$ であることに気をつけると，

$$P(C_2 \cap \overline{C_3}) = P(C_2)P_{C_2}(\overline{C_3})$$
$$= P(C_2)\{1 - P_{C_2}(C_3)\}$$
$$= P(C_2) - P(C_2)P_{C_2}(C_3)$$
$$= P(C_2) - P(C_2 \cap C_3)$$
$$= P(C_2) - P(C_3)$$
$$= \left(\frac{5}{6}\right)^n - \left(\frac{4}{6}\right)^n = \left(\frac{5}{6}\right)^n - \left(\frac{2}{3}\right)^n$$

---

◢多様性を養おう

**教科書 p.131** $n$ を2以上の整数とする。$n$ 個のさいころを同時に投げるとき，出る目の最大値が4で，最小値が2となる確率を求めてみよう。

- - - - - - - - - - - - - - - - - - - - - - - - - - - - - -

**ガイド** 教科書 p.131 の例題の事象 $B_4 \cap \overline{B_3}$，◢挑戦6 の事象 $C_2 \cap \overline{C_3}$ の積事象の確率を，条件付き確率の考え方を用いて求める。以下の解説では，ド・モルガンの法則，互いに排反でない和事象の確率などの既習事項も用いられる。注意しよう。

**解答** 教科書 p.131 の例題で考えた事象 $B_k$ と，◢挑戦6 で考えた事象 $C_k$ を用いると，「$n$ 個のさいころの出る目の最大値が4で，最小値が2」という事象は，

$$(B_4 \cap \overline{B_3}) \cap (C_2 \cap \overline{C_3}) = (B_4 \cap C_2) \cap (\overline{B_3} \cap \overline{C_3})$$

で表される。

さらに，ド・モルガンの法則 $\overline{B_3} \cap \overline{C_3} = \overline{B_3 \cup C_3}$ を用いると，この事象は，$(B_4 \cap C_2) \cap (\overline{B_3 \cup C_3})$ となる。

したがって，条件付き確率の考え方を用いると，求める確率は，

$$P((B_4 \cap C_2) \cap (\overline{B_3 \cup C_3}))$$
$$= P(B_4 \cap C_2) P_{B_4 \cap C_2}(\overline{B_3 \cup C_3})$$
$$= P(B_4 \cap C_2)\{1 - P_{B_4 \cap C_2}(B_3 \cup C_3)\}$$
$$= P(B_4 \cap C_2)\{1 - P_{B_4 \cap C_2}(B_3) - P_{B_4 \cap C_2}(C_3) + P_{B_4 \cap C_2}(B_3 \cap C_3)\}$$
$$= P(B_4 \cap C_2) - P(B_4 \cap C_2) \cdot P_{B_4 \cap C_2}(B_3) - P(B_4 \cap C_2) P_{B_4 \cap C_2}(C_3)$$
$$+ P(B_4 \cap C_2) P_{B_4 \cap C_2}(B_3 \cap C_3)$$
$$= P(B_4 \cap C_2) - P(B_4 \cap C_2 \cap B_3) - P(B_4 \cap C_2 \cap C_3)$$
$$+ P(B_4 \cap C_2 \cap B_3 \cap C_3)$$

ここで，上の式に登場する事象はそれぞれ，$B_4 \cap C_2$
……「$n$ 個のさいころの出る目がすべて 2 以上 4 以下」
$B_4 \cap C_2 \cap B_3 = B_3 \cap C_2$
……「$n$個のさいころの出る目がすべて 2 以上 3 以下」
$B_4 \cap C_2 \cap C_3 = B_4 \cap C_3$
……「$n$ 個のさいころの出る目がすべて 3 以上 4 以下」
$B_4 \cap C_2 \cap B_3 \cap C_3 = B_3 \cap C_3$
……「$n$ 個のさいころの出る目がすべて 3」
を表しているから，求める確率は，

$$\left(\frac{3}{6}\right)^n - \left(\frac{2}{6}\right)^n - \left(\frac{2}{6}\right)^n + \left(\frac{1}{6}\right)^n = \left(\frac{1}{2}\right)^n - 2\left(\frac{1}{3}\right)^n + \left(\frac{1}{6}\right)^n$$

## 条件付き確率の利用

**挑戦 7**　ある病原菌を検出する検査法では，病原菌がいるときに正しく判定す
教科書
**p. 133**　る確率と，病原菌がいないときに正しく判定する確率がともに 95% であ
る。全体の 2% にこの病原菌がいるとされる検体の中から 1 個の検体を
抜き出して検査したところ，この検体には病原菌がいないと判定された。
この判定が誤りである確率を求めよ。

- - - - - - - - - - - - - - - - - - - - - - - - - - - - - - - - - - - - -

**ガイド**　病原菌がいるときに，いると正しく判定する確率は 95%，また，病
原菌がいないときに，いないと正しく判定する確率も 95% である。
　　求める確率は，病原菌がいないと判定したとき，検体に病原菌がい
る場合の確率となる。

**解答**　「病原菌がいる」という事象を $A$，「病原菌がいると判定される」と
いう事象を $B$ とすると，

$$P_A(B) = \frac{95}{100}, \quad P_{\overline{A}}(\overline{B}) = \frac{95}{100}.$$

検体の 2% に病原菌がいるとき，

$$P(A) = \frac{2}{100}, \quad P(\overline{A}) = \frac{98}{100}$$

また，$P_A(\overline{B}) = \dfrac{5}{100}$，$P_{\overline{A}}(B) = \dfrac{5}{100}$ であるから，

$$\begin{aligned}
P(B) &= P(A \cap B) + P(\overline{A} \cap B) \\
&= P(A)P_A(B) + P(\overline{A})P_{\overline{A}}(B) \\
&= \frac{2}{100} \times \frac{95}{100} + \frac{98}{100} \times \frac{5}{100} = \frac{17}{250}
\end{aligned}$$

求める確率は，条件付き確率 $P_{\overline{B}}(A)$ であるから，

$$\begin{aligned}
P_{\overline{B}}(A) &= \frac{P(\overline{B} \cap A)}{P(\overline{B})} = \frac{P(A \cap \overline{B})}{P(\overline{B})} = \frac{P(A)P_A(\overline{B})}{1 - P(B)} \\
&= \frac{2}{100} \times \frac{5}{100} \div \left(1 - \frac{17}{250}\right) = \frac{1}{932}
\end{aligned}$$

---

### ☑多様性を養おう

教科書 **p.133** ある部品の入った箱がある。そのうちの 50% は工場Xで，30% は工場Y で，20% は工場Zで作られたもので，工場X，工場Y，工場Zで作った部品には，それぞれ，2%，1%，5% の割合で不良品が含まれている。この部品の入った箱から取り出した1個の部品が不良品であったとき，それが工場Xで作られた部品である確率を求めてみよう。

- - - - - - - - - - - - - - - - - - - - - - - - - - - - - - - - - - - -

**ガイド** 工場Xで作られた部品であるという事象を $A_X$，不良品であるという事象を $B$ とするとき，条件付き確率 $P_B(A_X)$ を求める。

$$P(A_X) = \frac{50}{100}, \quad P_{A_X}(B) = \frac{2}{100} \ \text{である。} \ P_B(A_X) = \frac{P(A_X \cap B)}{P(B)} \ \text{を求}$$

めるために，$P(B)$ を計算しておく。

**解答** 取り出した1個の部品が，工場Xで作られた部品である事象を $A_X$，工場Yで作られた部品である事象を $A_Y$，工場Zで作られた部品である事象を $A_Z$ とすると，これらの事象は互いに排反，すなわち，

$$A_X \cap A_Y = \varnothing, \quad A_X \cap A_Z = \varnothing, \quad A_Y \cap A_Z = \varnothing \quad \cdots\cdots ①$$

かつ，　$A_X \cup A_Y \cup A_Z = U$ （$U$ は全事象）　……②

である。

したがって，取り出した1個の部品が不良品である事象を$B$とすると，これらの事象の組み合わせに対する確率は，次の表のようにまとめられる。

| | $A_X$ | $A_Y$ | $A_Z$ | 計 |
|---|---|---|---|---|
| $B$ | $P(A_X \cap B)$ | $P(A_Y \cap B)$ | $P(A_Z \cap B)$ | $P(B)$ |
| $\overline{B}$ | $P(A_X \cap \overline{B})$ | $P(A_Y \cap \overline{B})$ | $P(A_Z \cap \overline{B})$ | $P(\overline{B})$ |
| 計 | $P(A_X)$ | $P(A_Y)$ | $P(A_Z)$ | 1 |

この表に当てはまる確率のうち，$P(A_X)$, $P(A_Y)$, $P(A_Z)$, および，$P(A_X \cap B)$, $P(A_Y \cap B)$, $P(A_Z \cap B)$ の6つの確率は，与えられた条件から求めることができる。

まず，$P(A_X) = \dfrac{50}{100}$, $P(A_Y) = \dfrac{30}{100}$, $P(A_Z) = \dfrac{20}{100}$

次に，$P_{A_X}(B) = \dfrac{2}{100}$, $P_{A_Y}(B) = \dfrac{1}{100}$, $P_{A_Z}(B) = \dfrac{5}{100}$

であるから，確率の乗法定理より，

$$P(A_X \cap B) = P(A_X)P_{A_X}(B) = \frac{50}{100} \times \frac{2}{100}$$

$$P(A_Y \cap B) = P(A_Y)P_{A_Y}(B) = \frac{30}{100} \times \frac{1}{100}$$

$$P(A_Z \cap B) = P(A_Z)P_{A_Z}(B) = \frac{20}{100} \times \frac{5}{100}$$

求める確率は，条件付き確率

$$P_B(A_X) = \frac{P(A_X \cap B)}{P(B)} = \frac{P(A_X)P_{A_X}(B)}{P(B)}$$

である。そこで，まず，分母の $P(B)$ を求めよう。

3つの事象 $A_X \cap B$, $A_Y \cap B$, $A_Z \cap B$ は互いに排反であり，

$$B = (A_X \cap B) \cup (A_Y \cap B) \cup (A_Z \cap B)$$

であるから，確率の加法定理より，

$$
\begin{aligned}
P(B) &= P(A_X \cap B) + P(A_Y \cap B) + P(A_Z \cap B) \\
&= P(A_X)P_{A_X}(B) + P(A_Y)P_{A_Y}(B) + P(A_Z)P_{A_Z}(B) \\
&= \frac{50}{100} \times \frac{2}{100} + \frac{30}{100} \times \frac{1}{100} + \frac{20}{100} \times \frac{5}{100} = \frac{23}{1000}
\end{aligned}
$$

よって，求める確率は，

$$P_B(A_X) = \frac{P(A_X)P_{A_X}(B)}{P(B)} = \frac{50}{100} \times \frac{2}{100} \div \frac{23}{1000} = \boldsymbol{\frac{10}{23}}$$

# 三角形の五心

**挑戦 8** 三角形の1つの内角の二等分線と他の2つの外角の二等分線は1点で
教科書
**p.134** 交わることを示せ。

**ガイド** 2つの外角の二等分線の交点が，残りの1つの内角の二等分線上に
あることを示す。交点から，その内角の2辺までの距離が等しいこと
をいえばよい。

**解答** 右の図のように，∠B，∠C の外角の二
等分線の交点を K とし，点 K から3辺
BC，CA，AB またはその延長上に，そ
れぞれ垂線 KD，KE，KF を下ろす。

KC は ∠DCE の二等分線であるから，
  DK＝EK

KB は ∠FBD の二等分線であるから，
  DK＝FK      したがって，     EK＝FK

よって，線分 AK は ∠A の二等分線である。

したがって，三角形の1つの内角の二等分線と他の2つの外角の
二等分線は1点で交わる。

**⚠注意 1** 教科書 p.134 の探究8の証明により，次の定理が成り立つ。

  **定理 1 ［垂線の交点］**

    三角形の3頂点から対辺またはその
    延長に下ろした垂線は1点で交わる。

  この交点を，三角形の**垂心**という。

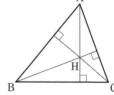

**⚠注意 2** **挑戦 8** で証明したことにより，次の定理が成り立つ。

  **定理 2**

    三角形の1つの内角の二等分線と，他の2つの外角の二等分線
    は1点で交わる。

この点は，直線 AB，BC，CA から
等距離にあるから，この点を中心と
して，3 直線に接する円をかくこと
ができる。この円を**傍接円**といい，
この円の中心を**傍心**という。

△ABC の傍接円は 3 つある。

教科書 p.65〜67 で学習した三角形の
重心，外心，内心に，ここで学んだ垂心
と傍心を加えた 5 種類の点をまとめて，
**三角形の五心**という。

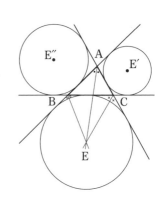

---

独創性を養おう

教科書 **p.135** 三角形の五心の位置関係を調べてみよう。また内心と外心が一致するの
はどのような三角形であるか調べてみよう。

- - - - - - - - - - - - - - - - - - - - - - - - - - - - - - - - - - - -

**ガイド** 三角形の五心の位置関係について考えると，次の(ⅰ)，(ⅱ)がいえる。

(ⅰ) △ABC の外心を O，重心を G，垂心を
H とすると，3 点 O，G，H は同一直線上に
あり，GH＝2OG である。

このとき，直線 OH を**オイラー線**という。

(ⅱ) △ABC の内心と外心が一致するのは，
△ABC が正三角形のときである。

**解答** (ⅰ) 点Oから辺 BC に垂線 OD を下ろし，ま
た，直線 CO と △ABC の外接円との，C
以外の交点をEとする。

点Oは △ABC の外心であるから，
　　CO＝OE，　　CD＝DB
中点連結定理により，　　EB＝2OD　……①
また，∠EBC＝90°であるから，　　EB∥AH
　　　∠EAC＝90°であるから，　　AE∥HB

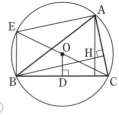

したがって，四角形 AEBH は平行四辺形
であるから，　　EB＝AH

①より，　　AH＝2OD

また，AH∥OD であるから，AD と OH の
交点を G′ とすると，△AHG′∽△DOG′
であり，

　　AG′：DG′＝HG′：OG′＝AH：DO＝2：1

したがって，G′ は中線 AD を 2：1 に内分する点であり，G′ と
G は一致する。

また，HG：GO＝2：1 である。

よって，3 点 O，G，H は同一直線上にあり，GH＝2OG である。

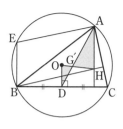

(ii)　△ABC の内心を I とすると，IA，
IB，IC はそれぞれの内角の二等分
線なので，

　　∠IAB＝∠IAC＝$a$，
　　∠IBA＝∠IBC＝$b$，
　　∠ICB＝∠ICA＝$c$ とおける。

　　また，I は外心なので，IA＝IB＝IC より，△ABI，△BCI，
△CAI は二等辺三角形となり，$a＝b＝c$ である。

　　よって，∠ABC＝∠BCA＝∠CAB となり，**正三角形**である。

探究編

# 作図と証明

**挑戦 9**　3 本の平行な直線 $\ell$，$m$，$n$ 上のそれぞれに頂点をもつ正三角形を作図
せよ。また，なぜその手順で作図ができるのかを説明せよ。

教科書 **p.137**

**ガイド**　例と同様に，△ABC において，正三角形の性質

　　　AB＝AC　かつ　∠BAC＝60° ⟹ △ABC は正三角形

を利用する。

**解答**　[作図]　次の手順で作図する。

①　直線 $\ell$，$n$ 上に点 A，P を，直線
AP が $\ell$，$n$ に垂直となるようにと
り，AP を 1 辺とする正三角形
APQ をかく。

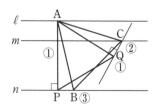

② 点Qを通り AQ に垂直な直線をひき，直線 $m$ との交点をCとする。

③ 直線 $n$ 上に，PB=QC となる点Bを，∠APB と ∠AQC が同じ向きになるようにとる。

④ 3点 A，B，C を結ぶ。

説明　AP=AQ，PB=QC，∠APB=∠AQC より，

　　△APB≡△AQC

よって，　AB=AC　……①

また，　∠BAC=∠BAQ+∠QAC　……②

ここで，∠BAQ=60°−∠PAB であり，

△APB≡△AQC であるから，　∠PAB=∠QAC

したがって，②より，

　　∠BAC=∠BAQ+∠QAC

　　　　　=(60°−∠PAB)+∠QAC

　　　　　=60°−∠QAC+∠QAC=60°　……③

よって，①，③より，△ABC は正三角形である。

---

□ 多様性を養おう

教科書 p.137　与えられた線分 AB を1辺とする正五角形 ABCDE を作図してみよう。

- - - - - - - - - - - - - - - - - - - - - - - - - - - - - - - -

ガイド　正五角形の1辺の長さと対角線の長さの比が，$1 : \dfrac{1+\sqrt{5}}{2}$ である

ことを利用して作図する。そのために，$\dfrac{1}{2}$AB，$\dfrac{\sqrt{5}}{2}$AB の長さを作る。

解答▶　作図　次の手順で作図する。

① 線分 AB の垂直二等分線と AB の交点を F とする。

② 垂直二等分線上に点 G を FG=AB となるようにとる。

③ 線分 AG の延長上に点 H を GH=AF となるようにとる。

④ 垂直二等分線上に点 D を AD=AH となるようにとる。

⑤ 3点 A，B，D をそれぞれ中心として半径 AB の円をかき，これらの交点のうち，△DAB の外側にある点を図のように C，E とする。

⑥ 5点 A，B，C，D，E を順に結ぶ。

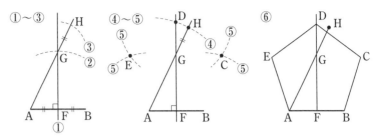

①〜③　④〜⑤　⑥

説明　線分 AB に対し, 点Dが作図できれば残りの頂点 C, E を
作図できる。

正五角形に外接する円の中心をO
とすると,

$$\angle AOB = 360° \div 5 = 72°$$

であるから, $\triangle DAB$ は

$$\angle ADB = 72° \div 2 = 36°$$

の二等辺三角形であり,

$$\angle DAB = \angle DBA = (180° - 36°) \div 2 = 72°$$

$\triangle DAB$ について, $\angle DAB$ の二等分線と辺 DB の交点を I とする
と, $\triangle IDA$ は $\angle IDA = \angle IAD = 36°$ の二等辺三角形である。

また, $\triangle ABI$ は $\angle ABI = \angle AIB = 72°$ の二等辺三角形であるか
ら, $\triangle DAB \backsim \triangle ABI$

AB=1, DA=$x$ とすると, AB : DA = BI : AB より,

$$1 : x = (x-1) : 1 \quad すなわち, \quad x^2 - x - 1 = 0$$

$x > 0$ であるから, $x = \dfrac{1+\sqrt{5}}{2}$

したがって, AB=1 としたとき, DA=$\dfrac{1+\sqrt{5}}{2}$ となる二等辺三
角形 DAB が作図できればよい。

$AF = \dfrac{1}{2}$, FG=1 より,

$$AG = \sqrt{\left(\dfrac{1}{2}\right)^2 + 1^2} = \dfrac{\sqrt{5}}{2}$$

$GH = \dfrac{1}{2}$ より, $\quad AH = \dfrac{1+\sqrt{5}}{2}$

よって, $AD = \dfrac{1+\sqrt{5}}{2}$ となっている。

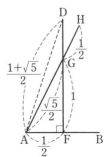

探究編

⚠注意 正五角形の1辺の長さと対角線の比は，$1 : \dfrac{1+\sqrt{5}}{2}$ となっている。

この比を**黄金比**といい，この比に分けられた長さの分割を**黄金分割**という。

## 三垂線の定理

▉挑戦10 AB＝AC＝AD である四面体 ABCD の頂点Aから，平面 BCD に垂

教科書 **p.139**

線 AH を下ろす。

このとき，点Hは △BCD の外心であることを，三垂線の定理を用いて証明せよ。

- - - - - - - - - - - - - - - - - - - - - - - - - - - - - - - - -

ガイド 平面や直線の直交を考えるときには，次の三垂線の定理を活用する。

> ここがポイント 👉 **定理3　[三垂線の定理]**
>
> 平面 $\alpha$ 上の直線 $\ell$，直線 $\ell$ 上の点 H，$\ell$ 上にない $\alpha$ 上の点 O，平面 $\alpha$ 上にない点Pがあるとき，
>
> $\quad$ PH⊥$\ell$，OH⊥$\ell$，OH⊥OP
>
> ならば，OP⊥$\alpha$

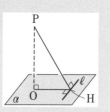

三垂線の定理には，上の定理3の他にも，次の2つのタイプがある。

(1) OP⊥$\alpha$，OH⊥$\ell$

$\quad$ ならば，$\quad$ PH⊥$\ell$

(2) OP⊥$\alpha$，PH⊥$\ell$

$\quad$ ならば，$\quad$ OH⊥$\ell$

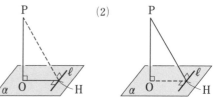

▉挑戦10 では，点Hが

△BCD の外心，すなわち，点Hが3辺の垂直二等分線の交点であることを示せばよい。タイプ(2)が使える。

解答 条件より，$\quad$ AH⊥平面BCD

また，BC，CD，DB の中点をそれぞれ，L，M，Nとする。

このとき，二等辺三角形の性質から，AL⊥BC，AM⊥CD，AN⊥DBとなる。

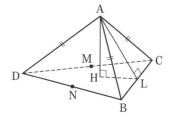

したがって，三垂線の定理より，　HL⊥BC，HM⊥CD，HN⊥DB
よって，点Hは，3辺の垂直二等分線が交わる点であるから，外心である。

**□多様性を養おう**

教科書
**p.139** 直方体 ABCD-EFGH において，△DEG の垂心をSとする。このとき，直線 HS と平面 DEG は直交することを証明してみよう。

**ガイド** 点Sは △DEG の垂心であるから，GS⊥DE，ES⊥DG である。
また，GH⊥平面 HDE，EH⊥平面 HDG でもあるから，これらの直線と平面の位置関係をもとに，三垂線の定理の利用を考える。
最後に，「直線 $\ell$ が平面 $\alpha$ 上の交わる2直線に垂直ならば，$\ell\perp\alpha$」であることを使って証明する。

**解答** 直線 GS と辺 DE の交点を I とする
と，点 S は △DEG の垂心であるか
ら，　GI⊥DE　……①
また，GH⊥平面 HDE である。
したがって，三垂線の定理より，
　HI⊥DE　……②
よって，①，②より，
平面 GHI⊥DE であるから，　HS⊥DE　……③

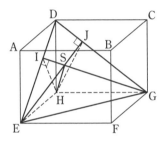

　同様に，直線 ES と辺 DG の交点を J とすると，平面 EHJ⊥DG であるから，　HS⊥DG　……④
　③，④より，HS は，平面 DEG 上の交わる2直線 DE，DG に垂直であるから，　HS⊥平面DEG

探究編

# 空間図形のとらえ方

**■挑戦11**
教科書
**p.141** 立方体において，各面の正方形の対角線の交点を頂点とする立体Kはどのような図形になるか。
また，立体Kの1辺の長さを $2a$ とするとき，立体Kの体積を求めよ。

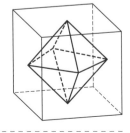

**ガイド**　右の図のように，A，B，C，D，E，F と
　　　すると，立方体を平面 ABFD で切断した
　　　断面は正方形で，A，B，F，D は，正方形
　　　の辺の中点であるから，

　　　　　　AB＝BF＝FD＝DA

　　　　立体 K の残りの辺についても同様で，K
　　　の各面は正三角形になっている。

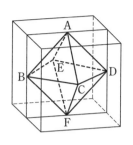

**解答**　　立方体の 1 つの頂点に集まる 3 つの面によっ
　　　て，立体 K の 1 つの面である正三角形ができる。

　　　　立方体には 8 つの頂点があるから，立体 K の
　　　面の数は 8 つである。また，K の各頂点に集ま
　　　る面の数は等しく，辺の数も等しいので，立体
　　　K は**正八面体**である。

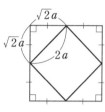

　　　　次に，立体 K の 1 辺の長さが $2a$ のとき，右の図のように，もとの立
　　　方体の 1 辺の長さは $2\sqrt{2}\,a$ となる。

　　　　K は，高さ $\sqrt{2}\,a$ の正四角錐を上下 2 つ合わせた立体で，体積は，

$$\left\{\frac{1}{3}\times(2a)^2\times\sqrt{2}\,a\right\}\times2=\frac{8\sqrt{2}}{3}a^3$$

---

**☑柔軟性を養おう**

教科書
p.141　　右の図のような 1 辺の長さが 2 の正四面体 P があ
　　　る。この正四面体の 6 つの辺の中点を頂点とする
　　　立体 Q をつくる。

　　　このとき，次の長さを求めてみよう。

　　　(1)　正四面体 P に外接する球の半径
　　　(2)　正四面体 P に内接する球の半径
　　　(3)　立体 Q に内接する球の半径

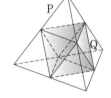

- - - - - - - - - - - - - - - - - - - - - - - - - - - - - - - - - - - - - - -

**ガイド**　(1)　正四面体 ABCD に外接する球の中心を O とすると，点 O は 4
　　　　　つの頂点から等しい距離にある。3 点 A，D，O を通る平面を考
　　　　　え，OA＝OD を利用するために必要な線分の長さを求めていく。

　　　(2)　内接球の半径を $r$ とすると，正四面体の体積は，各面を底面と
　　　　　する半径 $r$ の 4 つの四面体の体積の和に等しい。

　　　(3)　立体 Q は 1 辺の長さ 1 の正八面体になる。球の中心と立体 Q の
　　　　　頂点を通る平面を考える。

**解答** (1) 正四面体Pのそれぞれの頂点を A，B，C，D とし，辺 BC の中点を M とする。

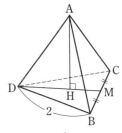

$\triangle$BDM において，BD=2,

BD：DM=$2:\sqrt{3}$ であるから，

$$DM=\frac{\sqrt{3}}{2}BD=\sqrt{3}$$

頂点Aから平面 BCD に垂線 AH を下ろすと，H は正三角形 BCD の重心と一致する。

そこで，正四面体Pとその外接球を，平面 ADM で切ると，その断面は右の図のようになる。

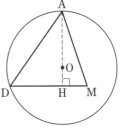

点Hは正三角形 BCD の重心であるから，DH：HM=2：1 より，

$$DH=\frac{2}{3}DM=\frac{2\sqrt{3}}{3}$$ また，$AH=\sqrt{AD^2-DH^2}=\frac{2\sqrt{6}}{3}$

したがって，外接球の中心を O，半径を$R$とすると，$\triangle$ODH において，OA=OD=$R$ より，

$$\left(\frac{2\sqrt{3}}{3}\right)^2+\left(\frac{2\sqrt{6}}{3}-R\right)^2=R^2$$ よって，$R=\frac{\sqrt{6}}{2}$

(2) (1)の正四面体Pにおいて，$\triangle$BCD の面積を$S$とすると，

$$S=\frac{1}{2}\times BC\times DM=\frac{1}{2}\times2\times\sqrt{3}=\sqrt{3}$$

よって，正四面体Pの体積を$V$とすると，

$$V=\frac{1}{3}\times S\times AH=\frac{1}{3}\times\sqrt{3}\times\frac{2\sqrt{6}}{3}=\frac{2\sqrt{2}}{3}$$

ここで，内接球の中心を O′ とすると，正四面体Pは，O′ を頂点の1つとする合同な4つの四面体に分割することができる。

内接球の半径を$r$とすると，正四面体Pの体積について

等式 $\left(\frac{1}{3}Sr\right)\times4=V$ が成り立つ。

したがって，$\frac{4}{3}\times\sqrt{3}\times r=\frac{2\sqrt{2}}{3}$ よって，$r=\frac{\sqrt{6}}{6}$

(3) 立体Qの各辺は，正四面体Pのそれぞれの辺の中点を結んだものであるから，中点連結定理により，その長さは1である。

探究編

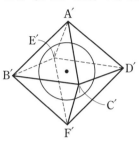

　　よって，立体 Q の各面はすべて合同な正三角形であり，6 つの頂点に集まる辺，面の数は等しいから，立体 Q は正八面体である。

　　したがって，右の図のような，1 辺の長さが 1 の正八面体 A′B′C′D′E′F′ で，内接する球の半径を求める。

　　球の中心を O″，B′E′，C′D′ の中点をそれぞれ M′，N′ とする。点 A′，M′，O″ を通る平面で正八面体を切ると，断面は，右の図のようなひし形 A′M′F′N′ となる。

また，点 K は球 O″ と面 A′B′E′ の接点であり，線分 O″K が球の半径である。

△A′B′E′ で，

$$A'M' = \frac{\sqrt{3}}{2} A'B' = \frac{\sqrt{3}}{2} \times 1 = \frac{\sqrt{3}}{2}$$

M′N′ = 1 より，$M'O'' = \frac{1}{2}$ であるから，

$$A'O'' = \sqrt{\left(\frac{\sqrt{3}}{2}\right)^2 - \left(\frac{1}{2}\right)^2} = \frac{\sqrt{2}}{2}$$

ここで，O″K = $x$ とすると，△A′M′O″ ∽ △A′O″K より，

　　A′M′ : A′O″ = M′O″ : O″K

$$\frac{\sqrt{3}}{2} : \frac{\sqrt{2}}{2} = \frac{1}{2} : x \qquad x = \frac{\sqrt{6}}{6}$$

よって，求める立体 Q に内接する球の半径は，　　$\dfrac{\sqrt{6}}{6}$

**別解** (3) 立体 Q の体積は，正四面体 P と相似比が 2 : 1 の正四面体の 4 つ分の体積を，P の体積から引いて，

$$V - \left(\frac{1}{2^3} V\right) \times 4 = \frac{V}{2} = \frac{1}{2} \times \frac{2\sqrt{2}}{3} = \frac{\sqrt{2}}{3}$$

また，正四面体 P の各面と，立体 Q の各面は，相似比 2 : 1 の正三角形であるから，立体 Q の 1 つの面の面積は，

$$\frac{1}{2^2} S = \frac{1}{4} \times \sqrt{3} = \frac{\sqrt{3}}{4}$$

以上から，立体Qに内接する球の半径を $r'$ とすると，立体Qの体積について，等式 $\left(\dfrac{1}{3}\times\dfrac{\sqrt{3}}{4}\times r'\right)\times 8=\dfrac{\sqrt{2}}{3}$ が成り立つ。

よって，　$r'=\dfrac{\sqrt{6}}{6}$

**⚠注意** (2)，(3)より，正四面体Pに内接する球の半径と，立体Q（正八面体）に内接する球の半径は等しい。2つの球の中心は一致，正四面体に接する接点と，立体Qの面のうちの4つの面に接する接点も一致する。

---

☑ **多様性を養おう**

教科書 **p.141**　下の図のように，1辺の長さが2の正方形ABCDを底面とし，1辺の長さが2の正三角形を4つの側面とする立体O-ABCDを考える。辺OB，ODの中点をE，Fとし，3点A，E，Fを通る平面 $\alpha$ と辺OCの交点をGとするとき，次のものを求めてみよう。

(1) 線分OGの長さ

(2) 線分AGの長さ

(3) 四角形AEGFの面積

(4) 立体O-AEGFの体積

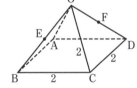

**ガイド** (1) OG：GC を求める。OCを辺にもつ三角形と直線AGについて，メネラウスの定理を利用することを考える。

(2) △OACは直角二等辺三角形であることに注目する。

(3) AG⊥EF であることを示し，対角線が直交する四角形の面積の求め方に従う。

(4) 点Oから平面AEGFに垂線を下ろし，(1)，(2)を利用してその長さを求め，さらに(3)を使う。

**解答** (1) 平面 $\alpha$ は直線AG，EFを含むから，この2直線の交点をMとし，OMの延長と，平面ABCDの交点をHとする。

このとき，点Hは，面OAC上かつ面OBD上の点であるから，ACとBDの交点，すなわち，正方形ABCDの対角線の交点であり，ACの中点である。

探究編

また，△OBD において，中点連結定理により，EF∥BD，
EF：BD=1：2 であるから，M は OH の中点である。

したがって，△OHC と直線 AG において，メネラウスの定理
により，

$$\frac{OM}{MH} \cdot \frac{HA}{AC} \cdot \frac{CG}{GO} = 1 \qquad \frac{1}{1} \cdot \frac{1}{2} \cdot \frac{CG}{GO} = 1$$

すなわち，$\frac{CG}{GO} = 2$ より， OG：GC=1：2

よって， $OG = \frac{1}{1+2}OC = \frac{1}{3} \times 2 = \frac{2}{3}$

(2) △OBD と △CBD で，OB=CB，OD=CD，BD は共通である
から， △OBD≡△CBD

よって， ∠BOD=∠BCD=90° より，

$$AG = \sqrt{OA^2 + OG^2} = \sqrt{2^2 + \left(\frac{2}{3}\right)^2} = \frac{2\sqrt{10}}{3}$$

(3) 四角形 AEGF は，直線 AG を軸と
する線対称な図形であるから，

AG⊥EF

ここで，(2)と，

$$EF = \frac{1}{2}BD = \frac{1}{2} \times 2\sqrt{2} = \sqrt{2}$$

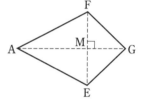

より，求める四角形 AEGF の面積は，

$$\frac{1}{2} \times AG \times EF = \frac{1}{2} \times \frac{2\sqrt{10}}{3} \times \sqrt{2} = \frac{2\sqrt{5}}{3}$$

(4) 点 O から平面 AEGF へ垂線 OI を
下ろすと，I は AG 上の点である。

△OAG∽△IOG より，

OA：IO=AG：OG

$$2 : IO = \frac{2\sqrt{10}}{3} : \frac{2}{3} \quad IO = \frac{\sqrt{10}}{5}$$

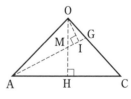

よって，求める立体 O-AEGF の体積は，(3)を用いて，

$$\frac{1}{3} \times \frac{2\sqrt{5}}{3} \times \frac{\sqrt{10}}{5} = \frac{2\sqrt{2}}{9}$$

# ◆ 重要事項・公式

## 場合の数と確率

▶**共通部分**
集合$A$と$B$の両方に属する要素全体の集合。$A \cap B$で表す。

▶**和集合**
集合$A$と$B$の少なくとも一方に属する要素全体の集合。$A \cup B$で表す。

▶**補集合の性質** $\quad A \cup \overline{A} = U, \quad A \cap \overline{A} = \varnothing$

▶**ド・モルガンの法則**
$$\overline{A \cup B} = \overline{A} \cap \overline{B} \qquad \overline{A \cap B} = \overline{A} \cup \overline{B}$$

▶**集合の要素の個数**
$$n(A \cup B) = n(A) + n(B) - n(A \cap B)$$
とくに，$A \cap B = \varnothing$ のとき，
$$n(A \cup B) = n(A) + n(B)$$
$$n(\overline{A}) = n(U) - n(A)$$

▶**和の法則**
事柄$A$の起こり方が$m$通りあり，事柄$B$の起こり方が$n$通りある。$A$と$B$は同時には起こらないとき，$A$, $B$のいずれかが起こる場合の数は，$m+n$通りである。

▶**積の法則**
事柄$A$の起こり方が$m$通りあり，そのそれぞれに対して事柄$B$の起こり方が$n$通りずつあるとき，$A$, $B$がともに起こる場合の数は，$mn$通りである。

▶**順列**
異なる$n$個から$r$個取る順列の総数
$$_n\mathrm{P}_r = n(n-1)(n-2)\cdots\cdots(n-r+1)$$

▶**階乗**
$1$から$n$までの自然数の積を，$n$の階乗といい，$n!$で表す。
$$n! = n(n-1)(n-2)\cdots\cdots 3\cdot 2\cdot 1$$
とくに，$0! = 1$ と定める。

▶**円順列**
異なる$n$個のものを円形に並べるとき，その総数は$(n-1)!$

▶**重複順列**
$n$個から$r$個取る重複順列の総数は$n^r$

▶**組合せ**
異なる$n$個から$r$個取る組合せの総数
$$_n\mathrm{C}_r = \frac{_n\mathrm{P}_r}{r!} = \frac{n(n-1)(n-2)\cdots\cdots(n-r+1)}{r(r-1)(r-2)\cdots\cdots 2\cdot 1}$$
または，$\quad _n\mathrm{C}_r = \dfrac{n!}{r!(n-r)!}$

$_n\mathrm{C}_r = {_n\mathrm{C}_{n-r}}$

▶**同じものを含む順列**
aが$p$個，bが$q$個，cが$r$個，……の全部で$n$個のものを$1$列に並べる並べ方の総数は，
$$\frac{n!}{p!\,q!\,r!\cdots\cdots} \quad (n = p+q+r+\cdots\cdots)$$

▶**確率の定義**
$$P(A) = \frac{n(A)}{n(U)} = \frac{事象Aの起こる場合の数}{起こり得るすべての場合の数}$$

▶**確率の基本性質**
$0 \leqq P(A) \leqq 1, \quad P(U) = 1, \quad P(\varnothing) = 0$
$2$つの事象$A$, $B$が排反事象であるとき，
$$P(A \cup B) = P(A) + P(B)$$

▶**和事象の確率**
$2$つの事象$A$, $B$が排反でないとき，
$$P(A \cup B) = P(A) + P(B) - P(A \cap B)$$

▶**余事象の確率** $\quad P(\overline{A}) = 1 - P(A)$

▶**独立な試行の確率** 試行$\mathrm{T}_1$, $\mathrm{T}_2$が独立のとき，$\mathrm{T}_1$の事象$A$と，$\mathrm{T}_2$の事象$B$が同時に起こる確率$p$は，$p = P(A) \times P(B)$

▶**反復試行の確率** $1$回の試行で事象$A$の起こる確率を$p$とすると，この試行を$n$回繰り返すとき，$A$が$r$回起こる確率は，
$$_n\mathrm{C}_r\, p^r (1-p)^{n-r}$$

▶**条件付き確率**
$$P_A(B) = \frac{P(A \cap B)}{P(A)}$$
$$P(A \cap B) = P(A) P_A(B)$$

▶**期待値**
$$E = x_1 p_1 + x_2 p_2 + x_3 p_3 + \cdots\cdots + x_n p_n$$

## 図形の性質

▶**角の二等分線と辺の比**

△ABC において，

AB : AC
= BD : DC
= BE : EC

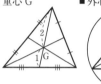

▶**三角形の重心・内心・外心・垂心**

■重心 G　　　■外心 O

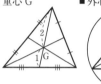

■内心 I　　　■垂心 H

▶**チェバの定理・メネラウスの定理**

$$\frac{BP}{PC} \cdot \frac{CQ}{QA} \cdot \frac{AR}{RB} = 1$$

▶**三角形の辺と角の大小**

△ABC において，

■$b < c \iff \angle B < \angle C$

■三角形の2辺の長さの和は，残りの1辺の長さより大きい。

▶**円**

■内接する四角形　　■接線と弦のなす角

$\angle APB + \angle AQB$　　$\angle BAT = \angle APB$
$= 180°$

▶**方べきの定理**

■PA・PB＝PC・PD ⟺
4点 A, B, C, D は同一円周上にある。

■PT²＝PA・PB ⟺
PT は円の接線である。

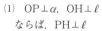

▶**三垂線の定理**

(1) OP⊥α, OH⊥ℓ
ならば，PH⊥ℓ

(2) OP⊥α, PH⊥ℓ
ならば，OH⊥ℓ

(3) PH⊥ℓ, OH⊥ℓ, OH⊥OP
ならば，OP⊥α

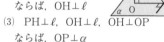

▶**オイラーの多面体定理**

凸多面体で，頂点の数を $v$，辺の数を $e$，面の数を $f$ とすると，$v - e + f = 2$

---

# 記号の読み方の一例

| 記号 | 読み方 | 記号 | 読み方 |
|---|---|---|---|
| $A \cap B$ | (集合)・$A$ と $B$ の共通部分　・$A$ かつ $B$<br>(事象)・$A$ と $B$ の共通事象(積事象) | $n(A)$ | ・$n$, $A$ |
| $A \cup B$ | (集合)・$A$ と $B$ の和集合　・$A$ または $B$<br>(事象)・$A$ と $B$ の和事象 | $_nP_r$ | ・$n$, P, $r$<br>・$n$ 個から $r$ 個とる順列の数 |
| $\overline{A}$ | (集合)・$A$ の補集合　・$A$ バー<br>(事象)・$A$ の余事象　・$A$ バー | $_nC_r$ | ・$n$, C, $r$<br>・$n$ 個から $r$ 個とる組合せの数 |
|  |  | $\overline{p}$ | ・$p$ バー　・$p$ でない　・$p$ の否定 |